JN068787

プリンストン大学リトルブック
the Little Book *of* Cosmology

宇宙論をひもとく

初期宇宙の光の化石から宇宙の"いま"を探る

ライマン・ペイジ
Lyman Page

野田 学 訳
Noda Manabu

プレアデス出版

プレート１ 宇宙の誕生時に発せられた残光の温度差の全天マップ。一番温度の高い赤色の領域と一番温度の低い青色の領域の温度差はおよそ４万分の１度。この本の目的は、この画像が何モノであり、宇宙について何を語っているかを説明することである。（出典：NASA/WMAP Science Team）

プレート２ 左下から右上に立ち上がる天の川。中央左下にはパラナル山頂とESOの超大型望遠鏡（VLT）が見える。天の川（銀河面）から離れた明るい点は、私たちの銀河内の星々である（惑星も写っている）。GPと書いた２本の矢印の間に銀河面があり、GCと書いた矢印との交点が銀河中心。銀河面内の暗い領域は暗黒帯（ダークレーン）である。（出典：A. Ghizzi Panizza/ESO）

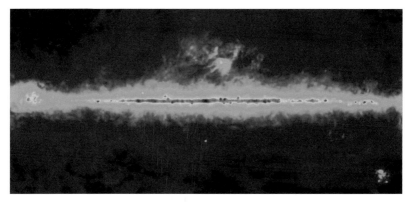

プレート3　COBE衛星搭載のDIRBE装置が観測した天の川のチリからの光。この画像は、波長100μm、つまりプレート2の約200倍の長さの遠赤外線の放射である。プレート2ではチリが星の光を隠しているが、この波長ではチリが光って見える。画像の中央が天の川の中心。中央の上にある塊は、大きなチリの雲であるへびつかい座の分子雲複合体。左端に見えるのは、はくちょう座領域、右下の明るい領域は大マゼラン雲（近くの矮小銀河）。この画像は、全天の4分の1を占めている。もし、この波長の天の川を障害物がなにもない所で見たとしたら、画像の横幅は地平線から反対の地平線に達している。（出典：NASA/COBE Science Team）

プレート4　ハッブル・ウルトラ・ディープフィールド。ここに写っているほとんどの天体は銀河である。その光は近いもので10億年、最も遠いものでは130億年かかって我々のもとに届いている。ろ座の方向で撮影された。（出典：NASA, ESA, and S.Beckwith (STScI) and the HUDF Team）

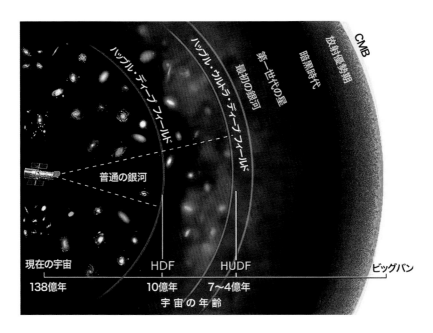

プレート5 望遠鏡はタイムマシンのようなもので、宇宙を見通すと、時間をさかの
ぼることができる。ハッブル・ウルトラ・ディープフィールドの画像では、銀河が形
成され始めた頃までさかのぼることができる。第一世代の星からの光は、宇宙が誕生
して約2億年のときに放出され、以来、私たちに向かってやってきているはずである。
つまりこれらの光は、観測可能な宇宙の端近くの球殻状のエリアからやってきたと考
えられる。CMBは、一番外側の黄色いリングで示された、観測可能な宇宙の端にある
球殻からやってきており、「晴れ上がり」は放射優勢期と暗黒時代の間で起こっている。
「ビッグバン」は時間軸(右から左へ)の始まりを示している。(出典:NASA)

プレート6 チャンドラX線望遠鏡、マゼラン望遠鏡、ハッブル望遠鏡のデータを用いて合成された弾丸銀河団の画像。画像は満月の6分の1ほどの大きさである。白や黄色っぽい点像は、ほとんどが銀河。ピンク色の領域は通常の物質で、主にX線を出す高温のガスから成る。青色の領域は、重力レンズによって明らかになった暗黒物質の分布。青い領域に銀河が集中していることがわかる。(出典:X線—NASA/CXC/CfA/M. Markevitch ら;光学—NASA/STScI; Magellan/U. Arizona/D. Clowe ら;重力レンズマップ—NASA/STScI; ESO WFI; Magellan/U. Arizona/D. Clowe ら)

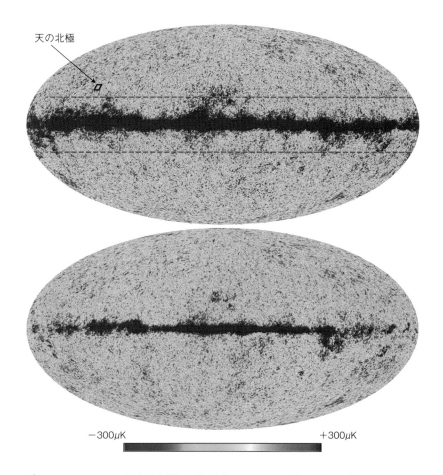

天の北極

−300μK　　　　　　　　　　　　　　　　+300μK

プレート7　CMBの異方性と銀河の放射をモルワイデ図法で示した全天マップ。上図：波長0.2cmのプランク衛星によるマップ。 比較的近くにある天の川銀河からの放射は、主に破線の間にある。この線の上下からの信号のほとんどはCMBの異方性であるが、ところどころに天の川からの放射が重なって見えている。上の破線のすぐ左側にある小さな四角は、北極星を中心とした領域で、プレート8aに示されている。下図：WMAPによる全天マップ。天の川から離れると、この2つのマップの特徴は同じになる。温度幅は、−300μKから+300μKまで。「μ」は百万分の1を表す。（出典：ESA and the Planck Collaboration; NASA/WMAP Science Team）

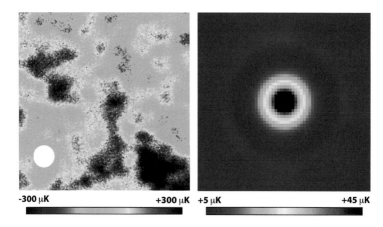

-300 μK　　　　　　　　　+300 μK　　+5 μK　　　　　　　　　+45 μK

プレート 8a　左：プランク衛星によるマップ（プレート7）の天の北極を中心とした
4°×4°の領域の拡大。白い円は満月の大きさ。もちろん、満月は北極星の近くにはな
い。右：プランクマップにある1万個以上のホットスポット（赤色）の平均を、4°×4°
の画像で示したもの。個々のスポットの凹凸が平均化されている。この図の青は、全
てのホットスポットとコールドスポットの平均値である2.725Kに近いのに対し、ホッ
トスポットの平均である赤は、それよりも45μK高い温度になっている。（出典：ESA
and Plank collaboration）

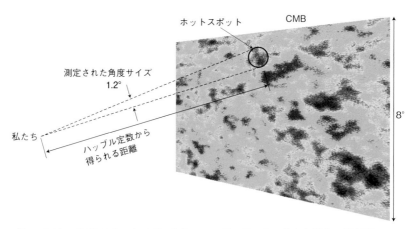

ホットスポット　　　　　CMB

測定された角度サイズ
1.2°

私たち

ハッブル定数から
得られる距離

8°

プレート 8b　CMBのホットスポットとコールドスポットの大きさ測定の概念図。この
平均的なホットスポットの大きさは、プレート8aに示されており、図3.3のパワース
ペクトルのピークに対応する。測定された角度と計算されたスポットの大きさを、ハ
ッブル定数の知識と組み合わせることで、宇宙の形状を決定することができる。（出典：
ESA and Plank collaboration）

宇宙論をひもとく

初期宇宙の光の化石から宇宙の"いま"を探る

リサと息子たちへ

まえがき

　この本では、空間やエネルギー、時間を最も大きなスケールで扱う「現代宇宙論」を簡潔に紹介したいと思っています。私たちは宇宙——その構成要素、形状、進化、そして記述するための物理法則など——について、何を知っており、いかにしてそれが分かったかと言った、本質的なものの見方をお伝えしたいと思っています。宇宙は大胆な理論や考察にうってつけのテーマですが、観測事実によって、宇宙の最も大きなスケールをパーセントレベルの正確さで理解することができるという驚くべき側面も隠し持っています。

　これから見ていくように、最も大きなスケールの宇宙とその初期の様子は、驚くほど単純で、わずかなパラメータで特徴づけることができます。例えば、大気、海、大陸、磁場などの複雑な要素を持つ地球と比べても、はるかに理解しやすいものです。この本では、現在の観測や測定そのものだけでなく、こうした観測が物理的な解釈によってどのように宇宙の統一的な姿として理解されていくのかを説明したいと思います。これから提示する宇宙像は、唯一可能なものではありませんが、最小限の仮説でデータを説明するものです。この宇宙像が正しいかどうかは、観測を続けることよって明らかにされていくでしょう。

　宇宙に関する私たちの知識は、「宇宙論の標準モデル」に要約されており、これは観測結果と驚くほど良く一致しています。そして、必要であれば容易に反証したり補ったりすることができる、予測可能かつ検証可能なモデルです。このモデルによると、現在の宇宙は、約5%の原子（普通

vi

の物質)、約25%のダークマター、そして約70%のダークエネルギーで構成されていることになってます。そして、アインシュタインの重力理論に基づいて、宇宙を構成するさまざまな要素が、極初期の宇宙から現在に至るまでどのように進化してきたかを説明しています。つまり、このモデルは、私たちが一般相対性理論を使って空間について考え、宇宙の構成要素である放射、原子、ダークマターやダークエネルギーがどのように組み合わさって私たちが観測する宇宙をつくっているのかを説明する土台となっています。このように、「標準モデル」は非常に優れたモデルですが、その主要な構成要素についてはまだ基本的な理解には至っていません。宇宙論には、世界中の科学者たちが研究し続けているエキサイティングな未解決問題があり、本書の最後でそのいくつかを取り上げます。

　この本では、私自身が宇宙論を学んできた道に沿って、宇宙誕生時の熱の微弱な名残りである宇宙マイクロ波背景放射(CMB)の観測を通じて、宇宙を理解していきたいと思います。非常に多くの観測的証拠が、この考えを支持しています。CMBは太陽からの放射熱や電気ストーブの熱に似ていますが、その温度はもっとずっと低いものです。その古い起源から示唆されるように、CMBは絶対零度からわずかに2.725度高いだけ、つまり2.725K[1](ケルビン)です。しかし、CMBにはその示す温度以上のものが含まれています。実際、CMBから得られる知見のほとんどは、天空上の位置による温度のわずかな違いから得られています。CMBは天球上の任意の2方向、例えば北極と南極で、わずかに温度が異なります。CMBは非常に精密に測定できるため、この温度ゆらぎの理解は宇宙論モデルの基礎となります。しかし、CMBのさまざまな性質と、それが教えてくれる

1　CMBは、2.725Kがほぼ3Kであることから、しばしば「3K背景放射」と呼ばれます。絶対零度より高い℃の数値は、ケルビン温度スケールと同等です。つまり、絶対零度から1℃上は1Kです。(絶対温度を表すケルビンKには「°」記号はつけません。)例えば0.01℃の変化は0.01Kの変化と同じです。これから使うこの体系では、絶対零度は−273.14℃で、水は0℃または273.14Kで凍り、100℃または373.14Kで沸騰します。太陽の温度は約5500℃または5773Kですが、本書では6000Kと近似することにします。

ことを掘り下げる前に、宇宙を総体としてどのように捉えるかという基本的な考え方を、まず身につける必要があります。

第1章では、「光速は有限である」「宇宙は膨張している」という2つの観測事実をもとに、宇宙の基礎知識を作り上げます。この2つの事実の組み合わせが、後の章で使用するフレームワークとなります。第2章では、宇宙の成り立ちについて詳しく説明するのでなく、宇宙の歴史の中のさまざまな時代において、どのような構成要素が支配的であったのかに焦点を当てます。宇宙の進化の様子は、その組成によって決まります。また、これらの構成要素がどのように組み合わさって、星や銀河、銀河団——宇宙論では、これらを単に構造と呼びますが——を形成しているのかについても見ていきます。構造形成の全過程はビッグバンに基づいており、最終的に地球や私たちを生み出しているのです。第3章では、プレート1に示されたCMBのわずかな温度ゆらぎについて説明します。この画像の理解を通じ、私たちは宇宙について非常に多くのことを学ぶでしょう。第4章では、構成要素を持ち寄って「宇宙論の標準モデル」を紹介します。標準モデルは理論的に様々な予測や予言をしていますが、まだ多くが謎のままに残されています。最後に第5章では、宇宙論の理論的・実験的な研究の最前線をご紹介します。

宇宙論は活気に満ちたエキサイティングな分野です。理論と実験の両面で、より深い知識を得るための探求が続けられています。私を含め宇宙を観測する者にとって、CMBは常に宇宙に対する深い理解を与えてくれます。そして、継続的な観測は、標準モデルの要素に新しい光を当て、新しい発見へと導いてくれるでしょう。

本書を始める前に、レベルについて簡単に触れておきます。最新の科学を紹介する際の難しさの一つは、読者にとって適切なレベルで投げかけられるかということです。本書では、様々な用語や概念を科学的な特性に合わせて定義する際に、読者の背景知識や興味の度合いをある程度想定しています。そのため、特定のトピックについては、もう少し詳しい、いくつ

かの付録を載せました。例えば、光がある波長の波であることを読者が知っていると仮定していますが、付録 A.1 の「電磁スペクトル」では、さまざまな放射源[2]とその波長について短い解説を加えています。また、光速が有限であり、自然界の基本定数であることは、ほとんどの読者が良くご存じと思いますが、宇宙のどこにいようと、自分がどれだけ速く移動していようと、真空中の光速は秒速30万kmであることはあまり知られていないと思います。これは、アインシュタインの特殊相対性理論の基礎のひとつです。この本を簡潔に保つために、相対性理論やその他のトピックなど、他に良い入門書がある事柄はあまり深く掘り下げていません。宇宙の理解に関わる物理的な概念については、これまで聞いたことがある説明より、さらに詳しく述べたいと思います。やむなく数字を扱う場合もありますが、計算も距離＝速度×時間程度のことで、ほとんどの場合は概算で説明しますので、大丈夫です。

　宇宙論特有の難しさに、距離や時間のスケールが大きすぎて想像しにくいことが挙げられます。そこで、わかりやすくするために、「億」の単位を使います。例えば、地球上の人口は70億人強、小指の先には約10億個の細胞、一辺が約6mの立方体の箱にはM&Mのチョコが10億個入る、といった具合です。この本は一般科学書なので参考文献の一覧は付けていませんし、特別なアイデアや発見の出典などの帰属関係も最小限にしてあります。

　この短い本で宇宙全体をカバーしますので、話すべきことはたくさんあります。

　さあ始めましょう！

2　本書では、「光」と「放射」を同義的に使うことにします。

謝辞

　私は、多くの理論の先達たちから宇宙論を学ぶ幸運に恵まれました。デービッド・スパーゲルは 20 年以上にわたる親しい共同研究者です。ジム・ピーブルスとポール・スタインハートは多くの質問に答えてくれ、二人はこの本のために重要な示唆を与えてくれました。ディック・ボンドは私がポスドクであった頃から指導してくれました。そしてスラバ・ムハノフは初期宇宙について教えてくれました。もちろん、本書のすべての誤りは私の責任ですが、スティーブ・ボウンとシャム・カンナは初期の原稿を丁寧に読み、本稿に採用しているような多くの示唆を与えてくれました。ジェフ・オーミュラーは、ケビン・クローリー、オリエル・ファラジュン、ブライアント・ホール、ネハ・アニル・クマール、ロキ・リン、クリスチャン・ロブレス、アラン・シェン、モナ・イェ、そしてケイシー・ワゴナーと同様に、どうすれば理解しやすくなるか助言をしてくれました。編集者のイングリッド・グナーリッヒは、この本を現在の形に仕上げると同時に、書ききれないほどの提案をしてくれ、一緒に仕事をすることが楽しみでした。私の同僚であるスティーブ・ガブサーには、特別な謝意を表します。彼はフランツ・プレトリウスと一緒に超ひも理論やブラックホールに関する物理学の「リトルブック」シリーズを始め、本書が後についていく道筋を示してくれました。スティーブは 2019 年、ロッククライミングの最中に痛ましくも亡くなってしまいました。本書は、彼を偲ぶ思い出のひとつでもあります。

目次

第 1 章

宇宙論の基礎

1.1 宇宙の大きさ

　宇宙はどれくらいの大きさだろうか？　などと問われると、「とてつもなく大きい」とつい答えてしまう。でも真剣に考えてみると、これはとても奥の深い質問だ。この問題に取り組むことは、宇宙論の核心に触れることにもなる。しかし、この問いが何を意味するのかを理解する前に、まず典型的な「距離」について考えてみよう。宇宙論では、距離は実に茫洋としたものだ。その尺度を合わすために、近くから始めて、徐々に遠くへ行くことにしよう。まず月は約 38 万 km 離れており、宇宙ではすぐお隣りの天体である。その距離は、自動車が壊れるまで走れる距離と同じぐらいである。良い車に乗れば、月まで行って帰ってこられるかもしれない。しかし、月より先に行くと、距離を km で測り続けるのは面倒になる。宇宙はとても広いので、距離を測るには別の方法、つまり光で測るのが一般的となる。ある天体から私たちまで、光の速さでどれくらい時間がかかるの

1

かと考えるのだ。光の速度は自然界の定数であり、便利な基準でもある。光は1秒間に約30万km進む。つまり、1光秒とは、光が1秒間に進む距離（30万km）を表す。同様に、1.3秒間に光が進む距離は38万kmで、月までの距離をkmを使わずに、1.3光秒と言うことができる。このように、時間的な用語（光秒）を使って距離の話をすることを覚えておいてほしい。

太陽は地球から平均で約1億5千万km離れており、これは8.3光分の距離となる[1]。情報の伝達速度が光速であることから、太陽の表面で何かが起こっても、その光が私たちの目に届くまで約8分待たなければならない。この概念は、宇宙規模になったときに改めて考えてみることにしたい。ここでは距離に注目し、その距離の移動にかかる時間には注目しないことにしよう。

次に月の出ていない夜、街明かりから離れて夜空を見上げると、星空の他のどこよりも明るい帯状の光が見えるはずだ。この光は、私たちが所属する銀河である「天の川銀河」を構成する無数の星によるもので、その中で太陽はかなり典型的な星である。典型的な銀河には、およそ1,000億個の星がある。この数は、私たちの脳にある約1,000億個の神経細胞とほぼ同じだ。私たちの銀河の星1つに対して、私たちの脳にある神経細胞1個が対応していることになる。

天の川銀河の星々は、中央が膨らんでいる円盤状に集まっており、直径は10万光年ほど。図1.1は、天の川銀河を遠くから眺めたときに見られるであろうイメージだ。銀河面は、円盤を半分に切ったような仮想の面で、まるで穴のないベーグルをスライスしたようだ。太陽系は円盤の中心から全体の約半分の位置にある。そこから円盤の中心を見ると、横方向を見たときよりもたくさんの星が見えるはずだ。これは、都市の郊外に住んでいるようなもので、自分は都市の一部にいながら、一方向にすべての高いビル群を見るのと同じである。

1 　太陽と地球の距離1億5千万kmを光速の30万km/秒で割ると、500秒。即ち8分少々（8.3分）となる。

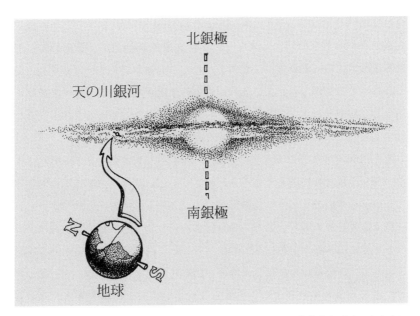

北銀極

天の川銀河

南銀極

地球

図 1.1. 遠方にいる人が見るであろう天の川銀河の想像図。全体的な形は、真ん中に膨らみのある円盤に似ている。銀河の中心は膨らみの中央部にあたる。銀河に対する地球のおおよその位置や軸の傾きも示してある。

　プレート 2 は、CCD カメラで撮影した可視光による天の川の画像[2]。もし私たちの目がもっと大きくて感度が良かったら、このように私たちの銀河を見ることができるだろう。この画像の暗い筋状の部分は、私たちの銀河内のダストが星の光を遮っているためで、火が上がった場面で煙が炎を遮っているようなものだ。宇宙論では、炭素、酸素、シリコンなどのさまざまな物質で出来た微小な粒子を「ダスト」と呼ぶ。プレート 3 は、COBE（COsmic Background Explorer）衛星の 3 つの観測装置のうちの 1

2　私たちの目は、可視光と呼ばれる電磁波のスペクトルの一部を感知しており、それぞれの色は異なる波長に対応している。典型的な可視光の波長は、およそ 0.5 ミクロン（μm）。これは髪の毛の約 100 分の 1 の太さで、1μm は 1000 分の 1mm。光（電磁波）の波長は私たちの目に見えない領域にも広がっており、それらをまとめて「電磁波のスペクトル」と呼ぶ。付録 A.1 を参照。

つ DIRBE（Diffuse InfraRed Background Explorer）による天の川の画像である[3]。プレート2の画像と異なり、これは波長 100μm の「遠赤外線」で撮影されている。赤外線は、物体がどのくらい熱を発しているかを教えてくれる。この画像では、主に天の川の中の熱源からの光、つまり熱放射を知ることができる。この熱は、私たちの銀河を満たしているダストから発生するもので、このダストが星の光を隠している。

　天の川銀河のような典型的な銀河の平均温度は約30Kで、全然熱くはないが、それでも熱エネルギーを放射している。これは白熱電球に例えるとわかりやすいでしょう。白熱電球は、プレート2での光と同じように目に見える光を放つので、私たちの目によく見える。しかし白熱電球は、より多くのエネルギーを熱として放出している[4]。白熱電球に触ると熱く感じるように、赤外線は目には見えないが、感じることはできる。赤外線で撮った家の写真を見たことがあるかもしれないが、この写真から、熱が漏れ出ている場所（多くは窓際）がわかる。熱い物体からは熱気を感じるが、これは赤外線の放射を感じているのだ。

　宇宙へもう一歩踏み出してみよう。私たちの銀河は、図1.2に示すように、およそ50個の銀河からなる「局所銀河群」の一員だ。その直径は約600万光年。この中で、天の川銀河はアンドロメダ銀河に次ぐ2番目の大きさだが、そのサイズ分布は小さなものから大きなものまで、バラエティに富んでいる。アンドロメダ銀河が約1兆個の星を持つのに対し、小さな「矮小銀河」は数千万個の星しか含んでいない。例えば大マゼラン雲（プ

3　他の2つの観測装置は、CMBの異方性を発見したDMR（Differential Microwave Radiometer、リーダー：ジョージ・スムート）と、CMB温度の決定的な測定を行ったFIRAS（Far InfraRed Absolute Spectrophotometer、リーダー：ジョン・マザー）。DIRBEはマイク・ハウザーがリーダーを務めた。この装置は、宇宙の銀河からの熱放射を測定したことで最もよく知られている。

4　最近のLED電球やCFB（電球型蛍光灯）は、発熱に対して可視光の比率が高いため、照明としての効率が高くなっている。

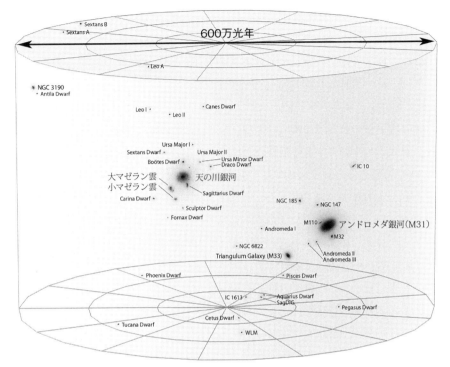

図 1.2. 局所銀河群の様子。アンドロメダ銀河は約 250 万光年離れているが、街灯の
ない暗いところでは肉眼で見ることができ、長軸は満月の数倍の大きさである。大小マ
ゼラン雲は、南半球では容易に肉眼で見ることができる。大マゼラン雲は、この図では
天の川銀河に近くに、プレート 3 では熱放射で明るく見えており、見かけの大きさは
満月 20 個分ほど。上下の格子状の「輪」は、直径 600 万光年のグリッドを表している。
（出典：Andrew Z. Colvin）

レート 3 と図 1.2) は、天の川銀河を回る近傍の小さな銀河である[5]。銀河を
回る小さな銀河たちの距離はすでにかなり大きくなっているが、その名前
が示すように、これらの銀河たちはまだ「局所的」である。どれくらいの
サイズが「宇宙論的」であるかという明確な境界線はないが、私たちはだ

5　1519 年にフェルディナンド・マゼランが報告したことからマゼラン星雲と呼ばれているが、
その 500 年以上前にペルシャの天文学者アブド・アル＝ラフマン・アル＝スーフィー・シラーズ
ィが初めて記録を残している。

いたい直径2,500万光年の球体または立方体あたりをイメージしている。局部群は、その数分の1の大きさである。

　プレート4は、ハッブル宇宙望遠鏡である天域を300時間近くも観測し続け、暗い天体から発せられたわずかな光を捉えた驚くべき画像である。「ハッブル・ウルトラ・ディープフィールド」と呼ばれるこの画像は、いわばカメラの超長時間露出のようなもの。この画像に写っている最も遠い天体は、何十億光年もの距離のところにある。この画像の大きさは、満月の1/60ほどである。満月の大きさは約0.5度で、腕をいっぱい伸ばしたときに見込む小指の幅の約半分[6]。すると全天を覆うには、20万個の満月が必要という計算になる。この画像の驚くべき点は、星はほんの一握りで、大部分は銀河であることだ。そして、これらの銀河一つ一つには1,000億個程度の星が含まれている。

　画像に写っている銀河の数が知りたければ、単純に数えれば良い。手で数えることもできるが、コンピュータを使うとより簡単だ。ハッブル・ウルトラ・ディープフィールドの研究チームは、画像の中に約1万個の銀河を数えており、これを全天に広げると、約1,000億個の銀河が存在することを意味する[7]。ここで強調したいのは、一般的なサイズの銀河の数が無限ではなく有限であることだ。私たちが観測可能な宇宙——全宇宙の部分集合と考えられる、原理的に観測可能な範囲——には、およそ1,000億個の銀河があり、それぞれには約1,000億個の星がある。両者の数字がほぼ等しいのは偶然である。

　ここでは、「観測可能な宇宙」という深遠な概念と、その方向に見える

6　天の北極と南極を通る円（もしくは任意の大円）に満月を隙間なく並べると、720個分になる（1周は360度）。一般的に、月の視直径は0.5°で、この例では360°/720 = 0.5°となる。

7　これは、［ハッブル・ウルトラ・ディープフィールドあたり1万個の銀河］×［満月あたり60個分のディープフィールド］×［全天は満月20万個］= 120,000,000,000となり、ざっと1,000億個になる。もし、ハッブル宇宙望遠鏡で観測可能な銀河よりもはるかに質量の小さい銀河を調べることが出来れば、さらに10倍ほどの数になるかもしれないが、それぞれの銀河に含まれる星の数ははるかに少なくなる。

天の川銀河のような銀河をほぼすべて観測している「ハッブル・ウルトラ・ディープフィールド」という奥深い観測結果を紹介した。つまり、ハッブル・ウルトラ・ディープフィールドでは、天体をすべて数えることができるところまで届いているのだ。このような概念を理解するためには、本当は後述するように時間と共に進化する宇宙を考える必要があるが、まずは、宇宙は無限であり、私たちが思いのままに探査できる静止した空間であるとして考えたいと思う。

　もし、時間を止めて宇宙を巡ることができるとしたら、何が見えるだろうか？　光の速度が有限であることは置いておいて、誰か、例えば不思議の国のアリスが宇宙のどこにでも瞬時に行くことができ、誰かと瞬時に通信することができると想像してみよう。銀河は宇宙の道しるべと考えることができるので、個々の銀河に名前をつけて、それが宇宙のどこにあるかが既知であるとしよう。図1.2の局所銀河群でそうしたように、局所的にはすでにこの方法を採用している。しかし、私たちはもっと遠くまでこれを広げたい。例えば、アリスが100億光年離れた遠い銀河にいるとしよう。そのアリスに、自分の近くにある他の銀河の数や概観など、局所的な宇宙環境を大まかに説明するよう頼んでみる。そして、私たちの住む天の川銀河からの描写とアリスのそれとを比較する。すると、両者の記述は似ていることがわかるはずだ。銀河の種類はバラエティに富んでいるが、どんなに遠くへ行っても、どんな方向へ行っても、その銀河の周辺の様子は私たちの近くと非常によく似ているだろう。つまりは同じ物理法則で自然（ひいては宇宙）を説明することができそうだ。

　これは重要な考え方で、これを基に話を進めていくので、繰り返し説明しておこう。今この瞬間に、宇宙のあらゆる場所は、大まかには同じように見えている。遠くの銀河にいる人を呼び出して、その人を中心とした直径2,500万光年の球の中にある銀河の様子を説明してもらうことが出来たとすると、その大まかな様子は、私たちの銀河の近傍とよく似ていることがわかるだろう。

　宇宙は、ある時間さえ決めればどこでも平均的に同じである、という考え方を、アインシュタインの「宇宙原理」と呼ぶ。ある量が空間のどこでも同じようなものであるとき、それは均質であると言う。よって宇宙原理では、宇宙は十分大きな体積で平均すると均質であると考える。また宇宙原理では、宇宙はどの方向を見ても平均して同じように見えることになる。この性質を「等方的」と言う。これは、ハッブル・ウルトラ・ディープフィールドのような画像は、銀河面の天体たちのような近くのものを無視する限り、望遠鏡をどの方向に向けても平均して同じようなものになるということを意味する。私たちの宇宙は、どこにいても均質で等方的なのだ。

　均質性と等方性は、関連性はあるものの、別物だ。例えば、宇宙がグレープフルーツで、その中心に住んでいるとしたら、そこでの宇宙論は（果肉の周りの膜を無視して）等方的なものとなるだろうが、果肉が真ん中で皮は外側なので、この宇宙は均質ではないと言うことになる。宇宙原理を仮定するには、概念を大きく飛躍させることが必要だ。私たちの日常生活でも、太陽は昇ったり沈んだりしているし、太陽系の惑星もほぼ同一の軌道面にあるので、均質とは言い難い状態になっている。宇宙を考えるには、日常から離れて、もっともっと大きなスケールで、もっともっと単純な物質の分布を想像する必要がある。

　慌ただしかったが、宇宙をぐるりと一巡りしてみた。そして、ハッブル・ウルトラ・ディープフィールドのような、観測できる天体がなくなるほどの遠くまで足を伸ばしてみた。なぜ天体が存在しなくなるようなことになっているのかを理解するには、次章でお話するように宇宙の時間的な進化を考える必要がある。それはさておき、純粋に空間的な記述に限定すれば、私たちの周りにあるのと似たような銀河に満ちた均質な宇宙を思い描くのに十分な距離を見てきた。つまり、宇宙は私たちの周りにあるのと似たような銀河の集まりを核（ハブ）とした、永遠に続く３次元の格子状

の組立玩具のようなものと考えることができる。もちろん、銀河は空間に
バラバラに分布しており、格子状にはなっていないが、この組立玩具は宇
宙を記述する座標系をイメージする助けになる。

1.2 膨張する宇宙

前章では、宇宙は静止しているとして考えたが、実はそうではなくて
膨張している。これは理論でもモデルでもなく、観測的な事実だ。局所群
（図 1.2）をはるかに超えて宇宙論的な距離まで行くと、遠くの銀河ほど私
たちからより速く遠ざかっているように観測される。これは、ジョルジ
ュ・ルメートルが当時の観測結果に基づいて 1927 年に目立たない雑誌に
発表し、エドウィン・ハッブルが 1929 年に独立に発表したことから、ハ
ッブル−ルメートルの法則と呼ばれている。今日的にはハッブル−ルメー
トルの法則とは、「遠く離れた天体を観測すると、その後退速度（遠ざか
る速度）が 100 万光年ごとに 20km/ 秒ずつ速くなる」というものだ。この
値は「ハッブル定数」と呼ばれている。[8]

ハッブルの観測からすぐに思い浮かぶのは、「私たちは宇宙の中心にい
るのだろうか？」という疑問である。その答えは「ノー」。すべての銀河
が私たちから遠ざかっていくように見えるからといって、私たちが宇宙の
中心にいることにはならないのだ。私たちは特別かもしれないが、それほ
どでもない。観測可能な宇宙の中のどの銀河にいる観測者でも、同じ現象
を見ているはずだ。これは、後退速度が距離に比例するという特別な形態

8 　ハッブルの当時の値は、自らが測定した距離とヴェスト・スライファーの速度の観測結果
を基にしていたが、距離の推定法に誤りがあったため、現在受け入れられている値の約 7 倍も
大きかった（1Mpc あたり 500km/ 秒）。この発見の歴史は、多くの発見と同様に複雑で、ハッ^{訳者注1}
ブルの助手であったミルトン・ヒューマソンなど、多くの人が関わっている。科学文献で使わ
れている現在の値は、1Mpc あたり 70km/ 秒で、これは 10% 程度の精度で 100 万光年あたり
20km/ 秒と言い換えることができる。

の膨張になっているからである。つまり、ある銀河が2倍遠くにあれば、2倍の速さで私たちから遠ざかっているように見える。もっと具体的に、2,500万光年ごとに並んでいる銀河の列を想像してみよう。まず、天の川銀河を中心にすえる。「N」という名前の銀河が2,500万光年先にあるとすると、これは毎秒500kmの速度で遠ざかっていることになる。（［100万光年あたり20km/秒］×［2,500万光年］＝500km/秒）次に「O」という別の銀河が5,000万光年先にあるとすれば、それは秒速1,000kmで遠ざかり、「P」が7,500万光年先にあるとすれば、秒速1,500kmで遠ざかっていく（図1.3の上段を参照）。これだけの距離があっても、その遠ざかる速度は光速の1％以下である。

　ここで、図1.3の中心にある天の川銀河から「N」まで瞬時に移動できたとしよう。つまり、あなたは「N」の上で静止している。そして「N」から天の川銀河を振り返ると、天の川銀河は秒速500kmであなたから遠ざかっていることになる。ここで、全体像がどのように変わったかを考えてみよう。もしあなたが天の川銀河の上にいて、「N」に対して静止した状態になりたかったら、あなたは秒速500kmで右側に移動する必要がある（中段の図）。動いているものの横で同じ速度で動くことは、そのものに対して静止しているのと同じことだ。これはちょうど、高速道路で同じ速度で走っている隣の車を見るのと同じである。あなたから見れば、その車は止まっている。下段の図は、「N」にいる人から見た宇宙の様子を知るために、速度[9]を差し引いたものである。しかし、下の図が「N」にいる人の視点になっているだけで、上段の図と全く同じであることに注意してほしい。ここでもまた、同じハッブル‐ルメートルの法則が成り立つ。「N」にいる人は、自分が宇宙の中心にいるのではないかと疑っているはずだ。差し当たり、この銀河の列は永遠に続き、その速度は際限なく増加するとしておこう。

9　速度とは、速さに方向が与えられたもの（ベクトル量）である。速度を引くには、中段の矢印を取ってその方向を逆にし、上段の図の矢印に加えれば良い。

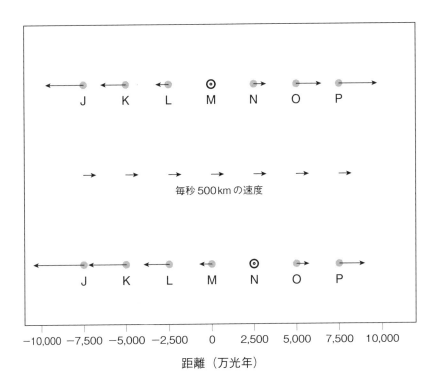

図1.3. 一次元での宇宙の膨張。上段は私たちから見た膨張の様子。「M」は天の川銀河で、円は基準点であることを示す。矢印は速度を表す。2,500万光年の距離にある「N」銀河は、天の川銀河から毎秒500kmの速さで遠ざかっている。「O」は「N」の2倍離れているので、矢印の長さが2倍になっており、2倍の速さで遠ざかっている。中段は「N」の速度を示しているが、「N」の場所だけでなく、空間のすべての点での速度である。あなたはこの速度で移動しており、「N」の近くにいるとしよう。すると「N」が止まっているように見えるはずだ。下段は「N」に立っている人から見た速度のパターン。「N」が基準点なので円がつけてある。ご覧のように、「N」上の観測者は宇宙の中心にいて、他のすべての銀河は「N」から遠ざかっているように見え、同じくハッブル‐ルメートルの法則に従っているように見える。

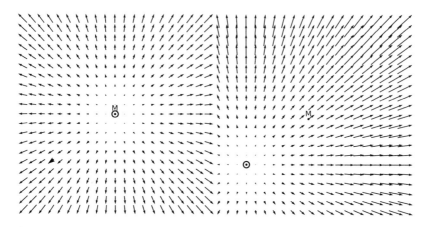

図1.4. 二次元での宇宙の膨張。各点は銀河を、矢印は私たちが見ている銀河の移動速度を示している。もちろん、現実には銀河はもっと不規則な間隔で点在している。左側の図は、先ほどよりもさらに遠くを見たときの様子になっている。天の川銀河「M」の円は、そこが基準点であることを示している。ここでも、銀河はその距離に比例して私たちから遠ざかっているように見える。次に、左下隅から右へ4、上に6つ移動した太い矢印で示した銀河に自分自身を移動させ、その銀河に対して静止している状態を想像してみよう。右図は、この新しい銀河を基準とした速度を示している。全体的な様子は同じに見える。即ち、私たちを中心にして、他の銀河は距離に比例した速度で私たちから遠ざかっているように見えるのだ。

　ここで重要なのは、遠ざかっていく速度が距離に比例する限り、宇宙のすべての観測者には同じ遠ざかり方のパターンに見え、すべての人にとって自分が膨張の中心にいるように見えるということだ。膨張を銀河の列の一次元で説明したが、二次元、三次元でも同様である。図1.4では、大きく離れた2つの銀河の視点から、2次元での同じ状況を示している。

　膨張について、シンプルでありながら根本的に全く違った考え方もある。先ほどの絵では、私たちの頭の中には、銀河が動く固定された空間があった。つまり、空間は固定されていて、銀河がその中をさまざまな速度で移動しているのだ。ここで、概念を飛躍させよう。再び、図1.3の上段のように銀河が線上にあると想像しよう。ただし、速度の矢印は無視す

る。銀河は、1次元であれば高速道路の距離標（キロポスト）、2次元であれば地図の緯度経度点のように、空間における座標を表していると考えてほしい。そして、距離標の間にスペースを挿入しよう。これは、上段で言えば、ハサミですべての銀河の間を縦に切り、例えば幅0.2cmの短冊を1枚挿入することに相当する。この作業に30分かかったとしよう。終了後、「N」は最初より0.2cm、「O」は最初より0.4cm、「P」は最初より0.6cm天の川銀河から離れた位置になっている。この30分の間に、「P」は「N」の3倍、「O」は「N」の2倍の距離を移動したことになる。同じ30分間で「P」は「N」の3倍移動したため、見かけ上3倍の速度で移動したのだ。このように宇宙の膨張を再現できたが、全く新しい視点によるものだ。空間が固定されていてそこを銀河が移動するのではなく、銀河と銀河の間の空間が広がっているのである。

　これからは、空間を宇宙の進化の舞台としてではなく、進化している実体として、可変なものとして考えていこう[10]。上記において、「J」「N」「P」は互いにコミュニケーションをとる必要はなく、ただじっとしているだけである。その一方で、あらゆる場所で同時かつ同じレートで空間が局所的に作り出されている。この描像では、ハッブル－ルメートルの法則は、空間の膨張のペースを表しているに過ぎない。図1.4の二次元の場合、短冊を切ることはできないが、その代わりに、銀河をゴムシート上に描かれた点のようにイメージすることができる。ここで、空間の膨張とは、とてもとても大きなゴムシートを縦横両方向に引き伸ばすようなものだ。三次元であるならば、木製のハブを固定座標点とし、ハブ間の支柱を時間と共に伸びるようにした無限に続く「格子状の組立玩具」を再びイメージしてほしい。

　これまで、短冊を挟んで空間を作る、ゴムのシートが広がる、支柱が伸

10　専門家にとって「空間が膨張する」と言うのは、計量法のスケールファクター $a(t)$ を大きくすることである。「膨張する空間」が有用な概念であるかどうかについては、様々な議論がある。その落とし穴については、付録A.2を参照のこと。

びる格子状の組立玩具など、いくつかの例えを紹介してきたが、これらは
あくまで一般相対性理論の数理構造を説明するためのアナロジー（例え）
であることを忘れないでほしい。空間は、紙やゴムや木のようなものでは
ないが、このような色々なアナロジーは違った局面を考える上で役に立つ
だろう。理論というのは、単純なモデルや身近なものでは伝えきれない、
より繊細で奥深いものなのだ。

　しかし、もう一度繰り返すが、宇宙の膨張は空間の膨張として考えるこ
とができる。膨張の速度は、「空間を作る」レートによる。宇宙の膨張を、
あらかじめ決められた空間の中で銀河が飛び去っていくようなものとして
考えてはいけない。ビッグバンは、何十億年も前に爆弾が爆発したような
ものではないのだ。ビッグバンは、私たちの遠い過去のある時点で、あら
ゆる場所で、空間の爆発的膨張が始まったことを示している。

　おさらいをしておこう。この節ではまずハッブル－ルメートルの法則の
説明から始め、自分が宇宙のどこにいても、他の銀河が距離に比例した速
度で後退していき、自分が宇宙の中心にいるかのように見えることを示し
た。次に、可変量としての空間を導入し、銀河が固定された座標点を表し
ている場合、ハッブル－ルメートルの法則は一定の速度で膨張する空間を
表していることを示した。一般的に、任意の速度で膨張する空間を考える
ことは可能だが、それが特別な場所にいることを意味しているわけではな
い。そしてここまでは、宇宙は無限に広がっていると考えてきた。

　私たちの新しい空間のイメージは、「空間とは何か？」という問いでも
ある。これは、「真空とは何か？」にも似た深い問いかけだ。ほとんどの
物理学者は、「我々にはわからない」と答えるだろう。宇宙の歴史の中で、
空間の膨張という概念が自然の摂理を最もよく表していると思われる期間
もあれば、存在しない力を想起させてしまい誤解を招く場合もある。いず
れにせよ、空間の膨張は、膨張宇宙をイメージする手助けとなり、一般相
対性理論が示す時空のゆがみともうまく調和する統一的な概念である。空

間の膨張に関する他の要素については、付録 A.2 で考察しておこう。

　次に進む前に、人間のスケールでは、この膨張は無視できる程度であることを注意しておきたい。私たちは、広大な距離を見渡すことができるからこそ、膨張を検知することができる。地球を地球たらしめている力、地球と太陽を結びつけている力は、宇宙膨張の影響を受けていない。私たちの銀河でさえも膨張していない。重力が結合力として働いているからである。定量的に言えば、宇宙膨張に従った場合、このページの幅は 100 年後には約 0.001 μm、つまり原子の直径の約 10 倍だけ広がることになる。これは測定可能な量だが、紙の中の分子を結合する力は、時間変化せず一定であることが観測的にわかっているので、ページは現在の大きさを維持することになる。

1.3　宇宙の年齢

　もし、今、銀河がすべて我々から遠ざかっているように見えるなら、過去にはもっと近くにあったことになる。過去の宇宙はよりコンパクトであり、ハッブル・ウルトラ・ディープフィールドの銀河は、過去に遡れば、より近くにいたことになる。ここで言う「コンパクト」という言葉は、体積ではなく長さや距離が短いという意味で使っている。例えば、球体の直径が半分になれば、体積は 8 分の 1 になるにもかかわらず、2 倍コンパクトになったと表現しよう。宇宙が 2 倍コンパクトであったとき、そこに存在する天体の互いの距離は現在の半分だった。

　遠い昔のある時点では、銀河はもっともっと近くにあった。さらに昔にさかのぼると、銀河はまだ形成されておらず、銀河と銀河の間の空間ではなく、銀河の構成要素間の空間を考えることになる。さらにさかのぼると

空間はどんどん小さくなるが、同じ量の物質があるため、物質密度[11]が途方もない大きさになっていく。このような外挿をすると、ある時点で現在知られている物理法則が破綻してしまうが、そこまで外挿する必要はない。重要なのは、宇宙が極めて高密度であった時代まで外挿できることと、その時代に一定の時間で到達できることだ。つまり、宇宙の年齢は有限なのだ。

　最も正確な宇宙の年齢は、WMAP衛星とプランク衛星の観測から得られている。膨張の歴史についてわかっていることをすべて考慮した最良の推定値は、およそ1％の精度で138億年である。即ち、137億年から139億年の間と考えられている。

　前節で使った観測値を元にすると、宇宙の年齢をおおよそ知ることができる。5,000万光年離れた2つの銀河は、1秒間に1,000kmの速さで離れていっている。この速度が一定だと仮定すると、125億年前には銀河たちは一点で重なり合っていたことになる。1億光年離れた2つの銀河は、現在秒速2,000kmで移動しているので、図1.5のように、同じ時間（125億年）で、一点に重なり合うことになる[12]。つまり、どれだけ離れていようとすべての観測者にとって、あらゆる空間が縮んでいき、すべての銀河が一点で重なり合うので、宇宙の年齢は125億年ということになるのだ。この単純な推定値が、より正確に推定された138億年という値に近いのは、偶然である。

　先ほどのように過去にさかのぼって外挿する際に、膨張速度は一定と仮

11　物質密度とは、単位体積あたりの質量のこと。同様にエネルギー密度も、単位体積あたりのエネルギーを表す。宇宙論研究者は、アインシュタインの有名な関係式、$E = mc^2$（Eはエネルギー、mは質量、cは光速）を使って質量とエネルギーを（同等なものとして）自由に変換している。

12　秒速1,000kmは、10億年当たり400万光年の距離移動と同じである。したがって、年齢は、［5000万光年］／［400万光年／10億年］＝125億年となる。同様に秒速2,000kmは、10億年当たりで800万光年と同じ。すると年齢は、［1億光年］／［800万光年／10億年］＝125億年となる。計算を確認できるように、有効数字を3桁で示した。もっと正確な値のハッブル定数を使うと、140億年となる。

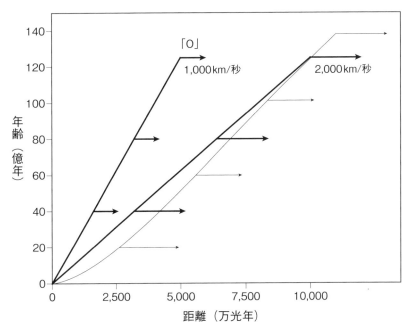

図 1.5. 私たちは、宇宙年齢に対応する Y 軸上にいるとしよう。すると図1.3の「O」銀河は、距離5,000万光年で、秒速1,000kmで遠ざかっているように見える。同様に、1億光年の距離にある銀河は、秒速2,000kmで遠ざかっている。銀河の速度が変わらないと仮定すると、黒い太線のように、時間をさかのぼるにつれて銀河は互いに重なるまで近づいていく。灰色の細線は、宇宙が125億歳のときに1億光年の距離にある銀河の実際の軌跡を表している。見ての通り、ハッブル「定数」は過去の方が大きかったことがわかる。

定した。しかし、膨張速度が一定でないことは分かっている。重力はあくまで引き合う力なので、銀河は互いに引き合うことにより、膨張が遅くなっていく傾向がある。この分かりやすい観測事実によって、一般相対性理論の根幹をなす「物質の存在」と「膨張率」が結びつくことになる。宇宙の歴史の中で膨張率が一定ではなかったので、ハッブル定数はずっと同じにはならない。時期によって値が変化するため、しばしばハッブル「パラメータ」と呼ばれる。上であげた、100万光年あたり20km/秒という値

は、現在の値である。

1990年代になっても、宇宙の歴史を通じての膨張率がわからなかったため、ハッブル定数をどのように外挿するかについてのコンセンサスはなかった。しかし、観測の網がますます密なり、宇宙の組成がわかるようになった結果、膨張の歴史もわかってきた。現在では、過去に時間を外挿する際に、かなり自信を持って宇宙の年齢を推定できるようになっている。

宇宙のモデルによっては、現在の膨張は何度も繰り返される（おそらく無限に繰り返される）膨張サイクルのうちのひとつに過ぎないとするものもある。しかし、このようなモデル（周期モデル）の可否を判断するような観測は、今のところ行われてはいない。周期モデルは、この後の議論でスタンダードとして使われる「インフレーションモデル」ほど詳しく調べられていないため、ほとんどの宇宙論研究者は支持していない。しかし、周期モデルが可能性の一つであることは心に留めておく必要がある。もし、実際に宇宙が周期的であったならば、138億年はこの周期の年齢を指し、本書では直近の周期でのことがらのみを取り扱うことになる。

これで「ビッグバン」という言葉について、より精密に取り扱うための枠組みができた。ここでは、宇宙が膨張し始めた時点を意味するものとしよう。私たちの時計が動き出した時であり、ビッグバンは空間とは直接的に関係しない。多くの宇宙論研究者がこの問題に取り組んでいるが、まだビッグバンまで完全に遡ることができるほど私達は物理学を知っているわけではない。

1.1 節で天体間の距離の話をしたとき、私たちは宇宙が時間的に止まっていることにした。その理由が今や理解してもらえるだろう。観測された光が発せられたときの天体までの距離と、宇宙の膨張を考慮した今の瞬間の距離とでは違いがある。今の瞬間では、光を発した天体は、より遠くに遠ざかっている。これからは「どれくらい遠くにあるのか」という言い方ではなく「その天体が光を発した時の宇宙の大きさ」という言い方をすることが多くなる。観測された光が発せられたときの宇宙の年齢でその天

体を表すことと同じことだ。このように、宇宙の大きさや年齢を使うことで、光が私たちに届くまでの間に宇宙が膨張している事実をうまくかわしている。つまり、ハッブル・ウルトラ・ディープフィールドの最も遠い天体たちであれば、宇宙が今の1/10の大きさで4億〜7億歳だった頃に光を発したと言い、距離には触れないのだ。天体だけでなく、事象や年代についても同じ慣例を使う。例えば、ビッグバンから約59億年後、今から約80億年前の宇宙は、今の1/2の大きさであった。宇宙が1/2のときの天体間の距離は現在の半分(0.5)なので、「スケール因子」は0.5であると、少し違った言い方を宇宙論研究者はするだろう。本書ではほとんどの場合、「宇宙の大きさ」を使うが、スケール因子の方が簡単な場合もある。例えば、ビッグバンから約93億年後、つまり約45億年前に地球と月が誕生したが、そのときのスケール因子は0.71だった。恐竜は1億年前に地上を歩き回っており、この時は0.993倍、ホモ・サピエンスの登場はわずか10万年前で、宇宙は現在よりほんの少し小さかっただけだった。付録A.3には、宇宙の重要な出来事とそれに対応する宇宙の大きさを時間軸に沿って示してある。

　1.2節、1.3節では、1.1節での静止像に時間という要素を加えた。これを格子状の組立玩具の例で考えてみよう。今や私達は138億年前、すべての木製ハブは互いに重なり合い、押し潰された状態だったことを知っている。そして今日、私達の知る限り、組み立て玩具の格子は無限に続いているので、膨張をさかのぼっても、それは無限に続いていることになる。よってリンク棒はますます短くなり、グリッド構造全体がより密になる。しかし、物理法則が成り立たなくなってしまうので、無限の密度やゼロ時間まで外挿することはできない。我々は多くを学んできたが、なぜ観測可能な宇宙にあるすべての天体をハッブル・ウルトラ・ディープフィールドの奥行き方向に数えることができたかをまだ説明していないので、描像が完成されていない。次は、この問題に取り組もう。

1.4 観測可能な宇宙

これまでで、宇宙の年齢が有限であり、すべての観測者にとってその値が同じであることが分かった。私達のモデルを進化させるには、次に光速を考慮することが重要である。これまでは、光の速さが有限であることを利用して、主に光年という距離を決めてきた。その流れを引き継ごう。

もし、今、宇宙のどこにでも瞬間移動できるとしたら、銀河サイズでの環境は私たちの周りの環境と似ているだろうということは既に述べた。これが宇宙原理だ。様々な銀河があるだろうが、どこへ行っても宇宙の年齢は138億年と計算されるだろう。

光の速度は有限であり、宇宙の年齢もわかっているので、観測できる宇宙の大きさには限りがあることになる。つまり、観測可能な宇宙の大きさは有限なのだ。この大きさを推定するのは簡単で、第一近似として、ある方向を見た場合に宇宙の年齢に光速を掛けた値よりも遠くを見ることはできない。つまり各観測者は、2×138 = 276億光年の直径を持つ球状の体積の真ん中にいるようなものなのだ。実際の球体の直径は、光が宇宙を横切る間に膨張することを考慮する必要があるため、この値の3倍強になる。しかし、この話で重要なのは、情報が光速より速く伝わらないため、見える範囲に限りがあるということだ。これが「観測可能な宇宙」を表す。宇宙論研究者が「宇宙」について語るとき、それは観測可能な宇宙を意味していることが多い。そして、この瞬間での私たちの観測可能な宇宙の「端」での銀河の環境は、私たちの周りにあるものと似ていることを心に留めておくとよいだろう。観測可能な宇宙の年齢や大きさの関係について、さらに詳しく知りたい場合は、付録A.4を参照してほしい。

1.5　宇宙は無限か？

　私たちの観測可能な宇宙をはるかに超えた彼方では、空間や物理法則さえも違っているかもしれないし、永遠に続くという意味で、宇宙が本当に無限かどうかもわからない。しかし、観測結果からすると、天の川銀河の周辺のような宇宙環境を持つ無限大の宇宙が、最もデータを説明しやすいものなのだ。つまり、私たちが観測している宇宙と、空間的に無限の宇宙モデルとの違いはないことになる。

　数十年前までは、宇宙が無限であることを先験的に信じる科学的根拠はなかった。宇宙論研究者たちは、観測を続けていけば、宇宙が有限であること、つまり宇宙は有限の広がりを持ち、一定量のものを含んでいることを示せれるか否かも分からずにいた。もしそうなら、宇宙は有限の年齢で膨張していることになるのだが、その広がりは有限で、有限の時間で潰れてしまうことにもなるだろう。しかしそうではなく、次章で述べるような宇宙の観測結果が、宇宙はどう考えても無限として扱うべきであることを示している。

　ここで、宇宙を超巨大なチョコレートチップアイスクリームの容器に見立ててみよう。チョコチップが銀河で、アイスクリームは空間である。私たちの観測可能な宇宙は、容器の壁から離れた中身のどこかから、とても大きなひと掬い分を取ったようなものだ。このひと掬いの中には、いろいろな大きさのチップが入っているはずである。しかし、壁から離れた場所からであればどこから掬っても、どれも似たようなもので、同じチョコレートチップアイスクリームなのだ。もし容器の壁が存在するとすれば、それは私たちが立ち入ることの出来ない新しい物理を表している。

　宇宙の広がりに関する研究は、現在でも活発に行われており、時々、有限の宇宙を仮定したモデルが発表される。しかし、そのモデルからの予測と観測データを比較すると、無限宇宙を仮定した方がよりよく観測データを説明できることが多々ある。このように考えると、「宇宙はどこで膨張

しているのか」という問いには答えられないし、問い自体が妥当ではないということになる。

1.6　時間を振り返る方法

さて、私たちの描像に次の概念を追加しよう。これもまた光の速度を基にしたものだが、ここでは光を距離の尺度として使ってはいない。先ほど、太陽は8光分の距離にあるので、8分前の姿を見ていると述べた。それと同じように2,000万光年の距離にある天体を観測した際には、2,000万年前の姿を見たことになる。このように、宇宙を深く深く覗き込むと、より若い頃の天体の姿を見ることになる。つまり、宇宙を深く見ていくと、時間を遡ることになるので、より遠くを見通すと宇宙の全歴史を読み取ることができる。望遠鏡はタイムマシンのようなものなのだ。

まず、このことが何を意味するのか、少し考えてみよう。星は爆発して、大量の光と粒子を放出する「超新星爆発」を起こすことがあり、その爆発は観測可能である。実際、1987年にお隣の大マゼラン雲（図1.2、プレート3）で超新星爆発が観測された。大マゼラン雲は約16万光年の距離にある。つまり、この星はホモ・サピエンスが地上に登場する以前に爆発していたのだが、私たちは1987年にその光を初めて目にしたのである。この1987Aという超新星は、光だけでなく、ニュートリノも検出されたことで有名だ。ニュートリノは、原子核の相互作用に関わる捕まえづらい素粒子である。ニュートリノはほぼ光速で移動し、物質とはほとんど相互作用をしない。ニュートリノについては後で詳しく述べるが、ここでは、遠い過去からやってくるのは光だけでなく、粒子も含まれることに注目してほしい。この超新星だけでも、$1\,cm^2$あたりおよそ1,000億個のニュートリノが地球にやってきたが、ほとんどはそのまま通り抜けていってしまった。そのうちの25個だけが日本のカミオカンデで検出された。

　超新星はとても明るいので、遠くまで見通すことができる。現代の強力な望遠鏡を使えば、ビッグバンから 59 億年後、宇宙が今の 1/2 くらいの大きさであった頃の、寿命の短い重い星の超新星爆発をとらえることができるだろう。つまり、その元の星は 80 億年前から宇宙に存在していない！宇宙を横断するほぼ球形の光と粒子の球殻だけが、私達が観測できる痕跡なのだ。この光や何十億個といった粒子の殻が地球を通過していくのだが、それは私たちが存在する以前のものを見ていることになる。同じような超新星爆発が宇宙のあちこちで起きていて、その爆風が宇宙に広がっているのである。こういったものを検出し、爆発の名残を調べることで、遠くの星の組成を理解することができる。

　遠方の若い個々の星は、爆発しない限りは小さすぎて見えないが、宇宙がまだ 10 億年にも満たない頃の若い銀河なら見ることができる。ハッブル・ウルトラ・ディープフィールドに戻ろう。図 5 は、空間的により深く覗いたときに見える宇宙の姿である。ハッブル望遠鏡やその他の望遠鏡は、その高感度と小さな領域に限定して観測することにより、銀河が形成されたばかりの時代にまでほぼさかのぼることができる。以前に、宇宙にあるすべての銀河を数えることができると言ったが、これが何を意味するのか、今ならわかるだろう。銀河が存在する前の時代、つまり宇宙が約 20 倍コンパクトで、誕生後約 2 億年の時代までさかのぼることができるのだ（付録 A.3 参照）。よって、宇宙全体の中の一部である私たちが知ることができる宇宙、つまり観測可能な宇宙での中でなら、すべての銀河を数えることができるのだ。改めて言うと、その数は約 1,000 億個、大雑把には天の川銀河と同じような銀河たちだ。

　さらに奥を覗くことができれば、最初の星の誕生を見ることができるかもしれない。これはまだ実現していないが、そのための装置開発もおこなわれている。さらに時間をさかのぼると、ビッグバンの名残である宇宙マイクロ波背景放射が見えてくる。これは、観測可能な宇宙の果てからの光である。

　この章では広大かつ膨張しているという宇宙の枠組みを提示してきた。膨張宇宙は必然的に過去の小さな宇宙について考えざるを得なくなる。私たちは、宇宙の膨張を138億年前の高密度なビッグバンまでさかのぼった。これこそが宇宙の年齢である。光の速度の有限性と決められた宇宙年齢から、私たちは宇宙のある奥行きまでしか見通せないことに気づかされた。つまり、観測可能な宇宙しか見ることができないのだ。

　これまでの議論の大半では、銀河は「観測可能な宇宙」という概念の理解の手助けをしたり、我々の宇宙は有限の年齢を示すための距離指標や道しるべに過ぎなかった。光の速度によって結ばれた空間と時間という側面からのみ考えてきたので、観測された銀河がごく一部だけであっても、同じような描像を描くことができたはずだ。しかし、これから見るように、宇宙の中身と空間の膨張は密接に関係している。この関係を見直すため、まず、宇宙は何から出来ているのかを見ていくことにしよう。

第**2**章

宇宙の構成と進化

　宇宙には、「放射」「物質」「ダークエネルギー」という3つの主要な構成要素がある。これらを密度、つまり体積あたりのエネルギーや質量として考えよう。先に述べたように、$E = mc^2$を用いることで、質量とエネルギーを変換することができ、3つの要素を同じように扱うことができる。つまり、宇宙のエネルギー密度は、大きな体積を平均して、x%が放射、y%が物質、z%がダークエネルギーで構成されていると言えるのだ。x、y、zの詳細に入る前に、この3つの用語を簡単におさらいしておこう。

　宇宙は熱エネルギーとしての放射で満たされている。これが宇宙マイクロ波背景放射（CMB）だ。これから見るように、CMBは本当に初期の宇宙の化石だが、形のある何かとは対照的で、原初の光の化石である。恐竜の足跡のように、現在の宇宙を理解する上ではあまり重要ではないが、私たちがどのようにして現在に至ったかを知る上では欠かせないものである。

　物質は、原子とダークマターの2つに大別される。ハッブル宇宙望遠鏡などで夜空を深く覗くと銀河が見えるが、これは銀河に含まれる原子が光

を発しているからである。ただし、私たちが見ている原子は全原子のごく一部であり、その原子を合わせても全質量の17%に過ぎない。さらに全質量は全エネルギー密度のわずか30%を占めるに過ぎないのだ。銀河の光学像を観察することは、あたかも夜間に陸地の上を飛行しながら、眼下に山や森、砂漠や湖など何があるのかを、家の明かりの分布を見て理解しようとするようなものだ。家の明かりが銀河、地球の表面が宇宙に相当する。街に近いところでは、明かりだけでも眼下に何があるかがわかるが、ほとんどの飛行経路では、明かり以上のものが必要となる。宇宙をさまざまな方法で観測することで、宇宙の組成を決定するための追加情報を得ることが出来るのだ。

　3つ目の主要成分が、ダークエネルギーである。CMBとは対照的に、宇宙の現状や膨張宇宙の未来を理解する上で重要だが、初期宇宙では重要ではない。私たちがほんの少ししか理解していない成分である。その存在は1990年代後半にようやく知られるようになり、現在も他の物理分野との関連付けを試みているところである。

　宇宙史のそれぞれの時代において、これら3つのエネルギー形態のうち1つが他を圧して支配的であった。宇宙史の最初のおよそ5万年間は、CMBのような放射が支配的で、その後100億年の間は物質が優勢になり、ここ38億年間はダークエネルギーが支配的になっている。この3つの構成要素が、宇宙の構造を作り出すために時間とともにどのように作用し合ってきたか、より詳しく見ていこう。

2.1　宇宙マイクロ波背景放射(CMB)

　CMBの第1の特徴は、絶対温度で2.725度という温度である。この節では、その意味するところを見ていこう。CMBの第2の観点は、宇宙の場所によって（それは私たちが見ている夜空の各点を意味するが）、温度差が

小さいということだ。そして第 3 の観点は偏光。温度差と偏光については、後ほど触れよう。

　CMB を温度で表すことができるということは、それだけで大きな意味を持つ。CMB は「黒体放射」と呼ばれる非常に特殊な熱放射、または放射エネルギーである。黒体放射を放つものを黒体と呼ぶ。

　熱放射を理解するために、簡単な比較を考えてみよう。日当たりの良いところに置いた黒い紙は白い紙より熱くなり、白い紙は完全な鏡より熱くなる。黒い紙は降り注ぐ放射を吸収し、白い紙は放射の一部を吸収するが大部分は散乱させる。完全な鏡は降り注ぐ放射をすべて反射して何も吸収しない。[1]熱力学の法則から、放射をよく吸収するものは、よく放射するものでもあると考えられる。よって、日当たりにさらされた黒い紙に触れるのではなく、その上に手をかざすと、白い紙や鏡よりも多くのエネルギー放射を感じられるはずだ。黒体放射体のさらに良い例として、太陽や陶芸の窯がある。

　物体は、熱エネルギーを波長帯域に渡って放射している。しかし、黒体であっても、そのエネルギーの大部分は限られた波長域にしか出ていない。つまり、黒体は比較的狭い波長域にエネルギーを多く出ているのである。太陽の場合、エネルギーの約半分は 0.4〜0.8μm の波長域に出している。この波長域が私たちの目で見える可視光の帯域であることは偶然ではなく、太陽光のスペクトルの中で有利になるよう進化してきた結果の可能性が高い。太陽は紫外線も放射している。例えば、日焼けの主な原因となる「UVB」は 0.3μm だが、これは私たちの目には見えない。また、太陽は「近赤外線」も放射しているが、その光も見ることができない。

　物体の温度が低いほど、放射が強くなる波長は長くなる。これはウィーン変位則と呼ばれるもので、「μm」で表される黒体の放射の中心波長は、

1　完璧な鏡を作るのは難しい。アルミニウムは最良の候補だが、紫外線をよく吸収するため、太陽光に対しては高温になる。もし私たちの目が紫外線を見ることができれば、アルミニウムの鏡は暗く見えるだろう（実際には不可能だが）。

およそ3,000をその温度（K：ケルビン）で割った値となる。例えば、温度が約6,000K（序文の注1参照）の太陽は、3,000/6,000、つまり0.5μmの波長の光を主に放射している。天の川は太陽の約200倍温度が低く30Kなので、その200倍長い波長で主に放射している。単純なこの放射の法則で計算すると、波長は3,000/30で100μmになる。これが、DIRBEが測定した遠赤外線の波長である（プレート3参照）。ウィーンの法則は単一の波長に適用されるが、実際には、ほとんどの放射はその波長を中心とした範囲からやってきていると考えるべきだが、このような簡単な関係から、物体の温度とその放射の中心波長を結びつけることができる。

　また、太陽のような熱放射体は、原子的なプロセスでも考えることができる。物体が高温になるほど、原子の構成要素が周囲のものと激しくぶつかり合って発光する。ぶつかり合いが激しければより多くのエネルギーを放出し、より多くのエネルギーが出てくるほど中心波長が短くなる。黒体放射を得るためには、多くの原子が近くの原子の放射を吸収し、それを再放射する必要があり、それが黒体放射の放射体とエネルギーを持つ原子の集まりの違いである。放射をビーチボールに、原子をいつもビーチボールで遊んでばかりいる海水浴客のグループに見立てて見よう。暑い日には、たくさんの海水浴客が集まっているので、小さなボールでしか遊べない。遠くから見ると、小さなビーチボールがあちらこちらと激しく動き回り、空中を飛び交っているのが見えるだろう。これは、短波長の高温放射に相当する。寒い日には、外に出る人が少ないので大きなボールを扱うことができる。人々がゲームにあまり興奮しないので、空中にあるボールの数が少なくなるだろう。これは、長波長の低温放射に相当する。

　温度さえ指定すれば、すべての波長でどれだけのエネルギーが放射されているかがわかるというのは、黒体放射の奥深いところだ。つまり、温度は中心波長だけでなく、スペクトル全体を決めている。定義上、黒体放射の放射体はその放射と熱平衡状態にある。つまり、放射の温度は物体の温度と一致する。例えば、放射の届かない窯の壁に温度計を埋め込んだとし

よう。各波長でのエネルギー量を測定して窯の中の放射の温度とみなす
と、温度計で読み取る窯の壁の温度と同じになるだろう。先ほどの例えで
言えば、空中のビーチボールを見るだけで、海水浴客の人数や海水浴客の
興奮状態がわかるのだ。

　1900年、マックス・プランクは、黒体放射を記述する有名な公式を導
き出した。CMBは現在までに多くの波長で測定されており、測定の限界
内でプランクの式に従っている。これは、宇宙の物質が放射と熱平衡状態
にあった時代のものであることを示している。図2.1は、COBE衛星など

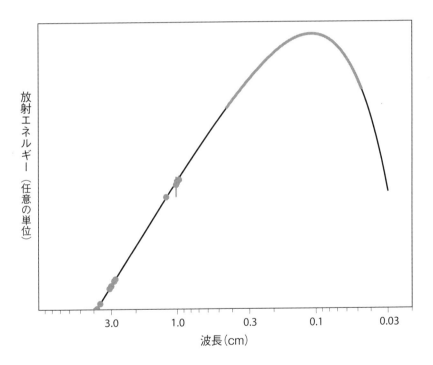

図2.1. CMBのスペクトル。x軸は波長、y軸は放射エネルギーで、黒線は、2.725K
のプランクの有名な黒体放射の式を表している。灰色の連続的な線は、COBE衛星に搭
載されたFIRAS装置による測定値。測定誤差は線の太さより小さい。FIRASよりも長
い波長での測定値もいくつか選び、同様に灰色で示してある。測定値と黒体の式は非常
によく一致している。

によるCMBスペクトルの測定結果である。ビッグバン以外の原因を見つけようと、多くの人がこのスペクトルを異なる放射源で説明しようとしてきた。そのひとつが、CMBは遠方の冷たい塵の雲から放射であるという提案だ。このような試みは、代替の放射源から予測されるスペクトルが観測と一致しないため、今のところ成功していない。しかし、プランクスペクトルからのズレを探すことは重要だ。このようなスペクトルのズレは、例えば、崩壊する粒子からのエネルギーや宇宙のより初期からのエネルギーの存在を示唆しているかもしれないからである。

　量子力学の誕生という物理学の歴史的なステップの中で、プランクはあの公式を導き出すために、電磁波が量子化されていると仮定した。これは、放射はエネルギーの不連続な塊、または量子として記述できることを意味している。この量子は「光子」または「光の粒子」と呼ばれる。量子物理学の基礎では、放射と物質の相互作用は、波と物質に関連するものと考えることも、光子と物質に関連するものと考えることもできる。時には一方で考えた方が他方で考えるより簡単な場合もある。ビーチボールで遊ぶ海水浴客は、光子を吸収したり放出したりする原子の例えである。CMBの場合、現在では宇宙の$1\,\mathrm{cm}^3$あたり400個の光子が存在している。放射が黒体であることがわかっていれば、光子密度を同定することは、温度を決めることと同じである。

　私たちは、宇宙が非常に高温の状態で始まったことを先験的に知っているわけではない。CMBのことをさておけば、私たちがこれまで描いてきた宇宙膨張の全体像は、初期の宇宙が比較的低温であった場合にも原理的には成り立つ。しかし、CMBが存在しているので、初期宇宙が高温で熱平衡状態にあったことが分かる。その仕組みは次のとおりだ。

　宇宙が膨張するとき、光の波長は膨張に比例して引き伸ばされる。バネの玩具のスリンキーを思い出してほしい。スリンキーのバネの1回転が光の波長に対応していると考えよう。最初は10cmのスリンキーだったものを20cmに伸ばすとしよう。トータルの巻数は同じだから、1回転あたり

に占める長さが増えている。これは、宇宙が膨張して光の波長が 2 倍に伸びるのと同じことだ。

　CMB の波長が伸びて私たちに届くだけでなく、すべての遠方天体からの光の波長も伸びている。私たちは、遠くの天体は過去の（若い）姿を引き伸ばされた波長で見ているのだ。

　波長が伸びるということについては、もう一つの考え方がある。高速道路をパトロールしている警察官が、速度を調べるため、車にドップラーレーダーガンを向けることがある。レーダービームが車で跳ね返って警察官に戻るとき、その波長はわずかにずれる。お互いに近づく場合は短くなるが、これはドップラー効果として知られている。反射する際に、あなたの車は事実上動いているレーダー源になり、動いているものは静止しているものとは異なる波長を放射するからだ。警察官は送信波と受信波の波長の違いから車の速度を知ることができる。ずれは小さいが、ドップラー方程式で正確に計算できる。代わりに警察官が走り去る源からの信号を受信した場合、その波長は引き伸ばされる。赤は可視スペクトルの長波長側（引き伸ばされる側）の端にあるので、「光は赤方偏移している」と言うのだ。

　ハッブルとルメートルは、遠くの銀河の速度を決めるために、決まった原子からの赤方偏移した光を使った。しかし、先に述べた宇宙膨張の考え方と関連して、興味深い微妙な点がある。ハッブルやルメートルが知っていたよりもずっと遠くにある、光速の何分の 1 かの速度で遠ざかっていく非常に遠い天体については、後退速度はドップラー方程式やその相対論的拡張では表記できないのである。ハッブル・ルメートルの法則に従う遠方天体の見かけ上の速度は、空間の膨張に由来するものだからだ。この現象を宇宙論的赤方偏移と言う。ここで、これらの概念を、私たちが観測している最も遠い光である CMB に当てはめてみよう。

　時間をさかのぼると、空間が縮むため、CMB の波長が短くなる。現在の温度 2.725K では、放射の中心波長はウィーン変位則で求められ、3,000/2.725〜1,000μm（図 2.1 の 0.1cm）となる。宇宙がより収縮していて

もプランクの式は変わらないので、宇宙の温度は大きさに反比例して上昇していく。宇宙の大きさが1/2だった80億年前にさかのぼると、CMBの温度は現在の2倍の約5.2Kで、中心波長は現在の半分の500μmとなる。スペクトルは黒体のままで、$1cm^3$あたり3200個の光子が存在したことになる。

　さらに宇宙がもっと小さかった時代までさかのぼることもできる。ビッグバンから40万年後、宇宙が1/1,100の大きさだったとき、CMBは約3,000Kで、太陽の約半分の温度になっていた。ちょうど、水素原子の原子核から電子を引き離すのに十分なエネルギーになっていたのだ。

　さらに時間をさかのぼって、ビッグバンから約3分後、宇宙が現在の約10億分の3の大きさで温度が10億Kだった頃、放射は非常に強烈で、ヘリウムの原子核はかろうじてまとまっている状態であった。ヘリウム原子核の中で中性子と陽子を結合させるエネルギーは、電子と陽子を結合させるエネルギーの約100万倍なので、原子核を引き裂くには、約100万倍の高温で、100万倍短い波長の放射が必要なのだ。

　ビッグバンから0.000025秒後では、さらに3,000倍も宇宙は小さくて高温なため、中性子と陽子は独立して存在せず、宇宙は「クォーク・グルーオン・プラズマ」となっていた（クォークは陽子と中性子を構成する素粒子）。この物質の状態は、ニューヨーク州ロングアイランドにある重イオン加速器（RHIC）により地上でも再現されている。ビッグバンから10億分の1のさらに10万分の1秒後で、宇宙が現在の50京分の1の大きさだった状態に戻ると、光子のエネルギーは、スイス・ジュネーブの大型ハドロン衝突型加速器で陽子同士が衝突するエネルギーとほぼ同じだ。これは、これまで人類が作り出した最高のエネルギーの素粒子だが、宇宙を利用すれば、もっと大きなエネルギーを探究することができる。

　ここで、より高温でより若い宇宙と、私たちがこれまで描いてきた空間像を結びつけてみよう。もし今、宇宙のどこにでも瞬間移動できるとしたら、その温度はどこでも2.725Kになっているだろう。これを現在の宇

宙の温度と呼ぶことができる。一方、宇宙が 1/2 の大きさの時に、宇宙を
瞬間移動できたとしたら、どこもかしこも 5.2K であったはずだ。この時
の銀河は、80 億年前のものである。同じ銀河を今日地球から観測すると、
銀河が光を発した時から宇宙が膨張しているため、波長はすべて 2 倍長く
なり、より若い銀河として見えるはずなのだ。

　CMB を測定する際のその光は、一体どこからやって来るのだろうか？
プレート 5 に戻ろう。私たちの検出器に到達した CMB の光は、ビッグバ
ン直後から私たちに向かってやってきた。星や銀河が存在する以前、そし
てもちろん地球が存在する以前から、光は私たちに向かう道を進み始めて
いたのだ。当時はエネルギーは高いがプランク関数で表わされる黒体放射
に変わりはなく、温度はもっとずっと高かった。私たちの元にやってく
る間に、宇宙は膨張し、波長が伸び、放射は冷えていった。私たちは今、
138 億年前のビッグバンの名残の光を、もう存在しない星からの超新星の
光を見るのと同じような概念で見ている。超新星とは違って CMB はあら
ゆる方向から私たちに届いているのだが。

　つまり、宇宙史の初期、CMB が非常に高温であったころは、CMB が支
配的なエネルギー密度であった。当時の宇宙にいることは、想像を絶する
ほど高温で大きな陶器の窯の中にいるようなものだった。現在では、膨張
のため、CMB は宇宙への影響はほとんど無視できる冷たく弱い残照に過
ぎなくなっている。宇宙が膨張し、CMB が薄暗くなるにつれて、物質が
エネルギー密度の支配的な形態となり、一連の新しい現象が生じる。最も
重要なことは、物質の構造形成が可能となったことだ。これらのピースを
組み合わせる前に、物質についてもう少し説明する必要がある。

2.2　物質とダークマター

　私たちが実際に見聞きしているすべての物質は、陽子、中性子、電子から出来ている。これらは原子の構成要素だ。原子は、重力的に相互作用したり光子の交換、つまり様々な波長の光を介して互いに作用し合っている。もちろん、他にも基本的な粒子や別の力は存在するが、ほとんどは私たちの日常生活とは無縁のものである。

　ダークマターを取り上げる前に、宇宙論に最も関係の深い粒子と原子をおさらいしておこう。まず、最も単純な原子は水素である。この原子は、原子核が正電荷の陽子1個と、その周りをおよそ1万分の1μm離れて回る負電荷の電子1個から成り立っている。陽子は電子の2,000倍の重さがある。水素は高温の環境下では、電子が高エネルギーの光子によってはぎ取られ、陽子と電子の両方が自由に動き回るようになる（水素原子の電離）。次に簡単な原子は重水素で、やはり電子は1つしかないが、原子核は陽子と中性子で出来ている。中性子は陽子とほぼ同じ質量を持つが、電気的には中性だ。重水素は水素と陽子の数が同じなので、水素の同位体と呼ばれ、いわば「重い水素」である[2]。質量が大きくなり、周期表で次にやってくるなじみ深い原子がヘリウムで、原子核に2個の陽子と2個の中性子を持ち、2個の電子が軌道を回っている。

　後述するように、他の原子もすべてこれらの基本元素から出来ている。望遠鏡で夜空を見た際の遠くの銀河からの光は、前項で扱った単純なものからだけでなく、より多くの複雑な原子や分子も含め、地球上にあるのと同じ原子から発していることがわかる。遠くの銀河も私たちと同じ材料からできている。このようなシンプルな観察からも、共通の起源を持つことがわかる。

　宇宙論的にはもう一つ、特に関連性の高い基本粒子として、ニュート

2　水の中の水素を重水素に置き換えると、一部の原子力発電所で使用されている「重水」になる。

リノがある。その名前が示すように、ニュートリノは中性子と同じように中性である。ニュートリノはほとんど何ものとも相互作用をしない。ニュートリノは原子核の崩壊や核反応の際に生み出される。例えば、自由な中性子は平均して10分強で陽子、電子、そしてニュートリノに崩壊する[3]。別の例としては、太陽の（地球上の生命を維持する）核融合反応によって、我々の指の爪の先ほどの面積を毎秒約1,000億個が通り抜けていくほどのニュートリノが生み出されている。私たちはこれらの粒子に対してほとんど透明だ。地球をも同様に通り抜けていく。

　ニュートリノは相互作用が非常に小さいため、特に研究が難しい粒子である。3つのタイプがあることは分かっているが、どのタイプも質量は分かっていない。異なるタイプの間の質量差のみ分かっている。その性質を明らかにするために、世界中で様々な実験が進められている。初期宇宙での原子核の相互作用から、現在の宇宙には$1\,\mathrm{cm}^3$あたり300個のニュートリノが光速の数パーセントの速さで飛んでいるはずだ。つまり、初期宇宙からのニュートリノは、太陽からのニュートリノとほぼ同じ数だけ1秒間にあなたの爪の先ほどを通過することになる。CMB光子とほぼ同じ数の[訳者注2]原始ニュートリノがあるにもかかわらず、それらはまだ検出されていないのだ。

　初期宇宙はシンプルなものだ。クォークグルーオンプラズマから陽子と中性子が出来た頃から、ビッグバンから約2億年後に最初の星ができるまでの間、既知の物質と言えば、陽子、中性子、電子、ニュートリノとそれらの反粒子だった。宇宙における物質に関しての進化は、冷却し続ける宇宙において、これら4つの粒子の相互作用と、CMB光子と、ダークマターの重力によって決定されていった。

3　より正確には、中性子は陽子、電子、および電子反ニュートリノに崩壊する。そして自由な陽子はこれまでの測定では、崩壊が確認されていない。

36

ダークマター

　夜空を見上げたときに、ある一定の期間で遠くの星が、例えば満月2個分（1度）の直径の円軌道を描いていたとしたら、あなたはすぐにその星が他の天体の周りを回っていると考えるだろう。物体が円を描いて動くには、そこには何らかの力が働いていなければならない。宇宙でのその力こそ重力だ。そして、望遠鏡を向けて伴星を探すかもしれない。その星に何かが重力を及ぼしているはずだ、何か「足りないもの」があるはずだと。それはブラックホールかもしれないし、最初は気づかなかった暗い星かもしれない。

　何十年もの間、天文学者は、異なる系やより分かりにくい幾何学的な系に対しても、上記のものと同様の精神で観測を行ってきた（より巧みな方法だが）。宇宙論の歴史において、1933年にフリッツ・ツヴィッキーがかみのけ座銀河団の観測に基づいて、初めて「行方不明の物質（ミッシングマター）」の存在を提唱した。他の人々がツヴィッキーの発見を発展させてきた。特に、図1.2に示すように、アンドロメダ銀河は近くてぼうっと大きいので、「実験室」として最適であり、水素ガスと同様に星や星形成領域の（回転）軌道速度が観測されたことは特筆に値する。1970年、ベラ・ルービンとケント・フォードは、観測した星の速度が、それ以前に測定された拡がった水素ガスの速度と一致することを明確に示した。次にアンドロメダで観測された星やガスの軌道運動をモデル化したところ、測定された速度プロファイルを説明するには、光る星やガスではない別の物質がなければならないことが示された。こうして広く、我々の天の川銀河の近くから遠方の銀河や銀河群まで、系の大きさに関係なく、星や銀河の運動を説明するのに十分な物質が見当たらないことが示されるようになった。

4　これは、ニュートンの第二法則から導かれる。

　その量は決して少なくなく、またその影響も微々たるものではない。観測可能な物質の約 5 倍以上のミッシングマターが存在することが、観測によってわかってきた。その最も良い事例は、第 3 章で述べる CMB の空間的なゆらぎの測定から得られる。しかし、ここでは、CMB に依存しないミッシングマターの特徴に注目しよう。

　このように、必要な質量が不足していることだけでなく、ミッシングマターすなわちダークマターというべき新たな物質が存在すると結論づけるまでには、何千人もの科学者が関わり、さまざまな証拠が積み重ねられてきた。このように、見えない物質は、消去法によって特徴付けられる。私たちは、ダークマターが「何物でないか」を知っている。つまり、ダークマターが暗くて見えない木星のような惑星の集まりでないことは分かっている。水素ガスのような原子でないことも、私達を形作るような普通の「もの」ではないことも分かっている。これまで観測されたようなタイプのブラックホールでもないし、CMB 光子とほぼ同じ数だけ存在している 3 種類のニュートリノのうちの 1 つでもないことも分かっている。

　見えない物質は、新しいタイプの素粒子であるとの仮説もあるが、粒子の新種の族か複数の族たち、あるいは異なる種類の粒子の組み合わせである可能性もある。一般に、これら物質である可能性から、ダークマターと呼んでいる。ダークマターが粒子である場合、それが他の粒子とどのように相互作用するか、あるいはダークマター同士が衝突した場合、どのように相互作用するかは分かっていない。ダークマターが光子とあまり相互作用しないことは分かっているので、「ダーク」と呼ばれている。観測的にわかっているのは、ダークマターが重力的に作用しているということだけだ。その性質は壮大な謎であり、ダークマターが大量に存在すること、そして私たちが実験室でも遭遇したことのない形態の物質であることは間違いないだろう。

　ダークマターの必要性を示す最も明確な観測のひとつが、「弾丸銀河団」（プレート 6）だ。これは、実際に衝突して通り抜けた 2 つの銀河団の画像

38

である。右側のピンク色で表されている部分が「弾丸」に見える。衝突する前の銀河団は、個々の銀河の中にある拡散した高温ガスや星としての通常の物質と、ダークマターがほどよく均一に混ざっていた。両者とも、高温ガスの質量は銀河を構成するすべての星の質量よりもずっと大きく、ダークマターの質量はその高温ガスの質量よりもまたずっと大きい。銀河団同士が衝突したとき、銀河とダークマターはほとんど無傷で通り抜けたが、ガスはお互いに作用しあった。こんな風に考えてみよう。両手に小石を握りしめ、あなたのちょっと前でその軌道が交差するように投げても、ほとんどの小石はぶつからないだろう。小石は銀河やダークマターのようなものだ。一方、２本のホースを同じ場所を狙って向けると、それぞれのホースから出る水はぶつかり合い、相互作用を起こす。高温のガスはこの水に良く似ているのだ。

　銀河団に含まれるガスの温度はおよそ1,000万K。X線を放射するほど高温で、NASAのX線望遠鏡チャンドラで観測された。プレート６では、高温ガスはピンクで表している。つまり、ピンク色は通常の物質が多く存在する場所である。青色は、主にダークマターの存在（ついでに銀河の存在も）を示している。なぜモノがあることが分かるかを理解するためには、少し回り道をして、光の曲がり方について話をする必要がある。

　空間について考えることに戻ろう。空間は広がるだけでなく、ゆがんだり曲がったりすることがある。遠くの星からの光が太陽の近くを通って私たちのところにやってくると、ほんのわずかだが道筋がそらされる。これは、太陽の重力が光を引き寄せると考えても良い。しかし、太陽の周りの空間が曲がっており、遠くの星からの光は最も通りやすい経路をたどると考えた方が良かろう[5]。図2.2はそれを可視化したものだ。大きな質量の重力場によって光線が曲げられることは、カメラのレンズによって光が曲げ

5　一般相対性理論では、質量のある物体の周りの空間の記述は、宇宙の幾何学的な記述とは数学的に異なっている。また、物体のそばを通る光に対しては、時間の経過に対する重力の影響が大きくなる。

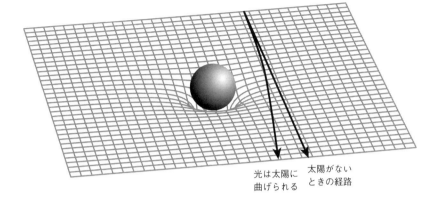

光は太陽に
曲げられる

太陽がない
ときの経路

図2.2. 湾曲した2次元空間における光の屈曲の例。図の中央の球を太陽とする。太陽は、大きなゴムシートの上に置かれたボーリングの球のように、空間を曲げる。太陽の近くを通る光の経路は、ボーリングの玉のそばを素早く転がっていく小さなビー玉に似ている。ビー玉は2次元のゴムシートの形に沿い、その通り道はボーリングの玉の方に曲がり、まっすぐな道からは外れて、最も転がりやすい経路をたどる。同じように3次元でも、太陽のそばを通る光は、最も通りやすい経路をたどる。その軌跡は、3次元空間の曲率、つまり重力の力によって曲げられている。図では、たわみが大きく誇張されている。

られることに類似しているので、この現象を重力レンズと呼んでいる。曲がる量からそこにある質量の大きさを推定することができる。

　これで、プレート6の青で示された領域が理解できるようになった。弾丸銀河団のはるか背後にある遠方銀河が、弾丸銀河団を通して観測される。その遠方銀河のゆがみ具合から、弾丸銀河団の実効的なレンズ作用と質量分布が推定できるのだ。この画像から、質量の大半が二つの異なる領域に分かれていることがわかる。この画像の本質的な特徴は、ダークマターが通常の物質とはっきりと分かれていることだ。高温の拡がったガスが衝突の際に相互作用し、後方に取り残されたのだ。

　ダークマターの探索は、物理学において非常に活発な分野となっている。複数の実験が、直接検出しようと努力を続けている。ゲルマニウムや

アルゴン、キセノンといった標的となる原子にダークマター粒子を直接衝突させて検出しようとしているものもある。他の既知の粒子から標的の原子を守るため、これらの実験施設はしばしば地下深くに建設される。他にも、異なるタイプの相互作用や異なる形態のダークマターを探索するために、様々なアプローチが取られている。これまでにも、検出の可能性を示唆するものや、さらなる精査に耐えられなかった検出報告がなされてきたが、2019年現在、間違いのない直接検出は成し遂げられていない。LHC^{訳者注3}（大型ハドロン衝突型加速器）でのダークマター粒子の検出は大いに期待されているところだ。

　新しい素粒子の発見は、そのほとんどがLHCの前身である粒子加速器で行われてきた。陽子や中性子を構成するクォーク、電子、ニュートリノ、そして最近ではヒッグス粒子など、17種類の基本素粒子を持つ「素粒子物理学の標準モデル」があり、非常に大きな成功を収めている。包括的で予測可能、かつ十分に検証されているとはいえ、ニュートリノの質量など、標準モデルでは説明できない素粒子の測定結果があるため、素粒子物理学の標準モデルは完全ではないことが分かっている。研究室レベルでのダークマターの検出と特性評価が、素粒子物理学のモデルを進歩させる方法を示してくれるだろうと期待されている。

　ダークマター粒子は存在せず、私たちの物理法則が不完全なのだという可能性はないだろうか？　実際には見えない物質はなく、観測結果を説明できる新しい力が存在するなど、一般相対性理論が大きなスケールで間違っているかも知れないとする研究が数多く行われてきた。このような新しい理論は、一般に「修正ニュートン力学（MOND）」と呼ばれている。幸いなことに、MONDは検証可能な予測をしており、中には観測と一致しない予測もある。一方、一般相対性理論に反する観測はまだない。よって、大多数の宇宙論研究者はMONDを認めていない。もちろん、私たちがまだ発見していない別の力や物理法則が存在する可能性は十分にあるのだが。

2.3　宇宙定数

　先に、現在の宇宙の膨張速度は、100万光年の距離に対して毎秒20km
と近似値を示した。つまり、1,000万光年の距離にある銀河は、秒速
200kmで遠ざかっていくように見える。しかし1990年代後半になると、
宇宙膨張のスピードが速くなっていることが発見された。つまり、膨張が
加速しているのだ。10億年前には秒速192kmで遠ざかっていた銀河が、
10億年の間に秒速208kmまで遠ざかる速度が加速されたのだ。[6]

　この驚くべき観測は、超新星宇宙論計画と高赤方偏移超新星捜索チーム[訳者注4]
という独立した2つのグループによって行われ、他のグループによっても
追確認された。その名前が示すように、彼らは超新星を使って宇宙がほん
の数十億歳だった頃を振り返っている。正確な距離と速度がわかる天体を
探し出し、当時の膨張率と現在の膨張率を比較するのが秘訣である。

　この観測から考えられるのは、空間は加速度的に生み出されていると
うことだ。宇宙の膨張を考えるのに、至るところで「空間が広がってい
る」という概念は都合が良いだけでなく、今やほとんどこのように考えざ
るを得ない状況になっている。静止した空間では、2つの銀河がほぼ一定
の速度で離れ、重力で引き合うことによりわずかに減速することは想像で
きるが、加速して互いに離れていくことは思いもつかない。加速には力が
必要だが、静止した空間では重力しかなく、それはどちらかといえば膨張
を減速させるからである。

　では、「なぜ空間が生み出されるスピードが加速されているのか」とい
うことだが、それはわかっていない。しかし、真空である空間には、それ
に付随するエネルギーがあるように見えるのである。このエネルギーは、
宇宙を押し広げる圧力のようなもので、普通に言えば、「空間を膨張させ
る」ものなのだ。このエネルギーは、自然界の新しい定数、「宇宙定数」

6　加速する宇宙は、ハッブルパラメータが一定値に近づくことを意味する。これは、ハッブ
ルパラメータが、膨張率をスケール因子（付録A.3で示したもの）で割ったものだからである。

としてギリシャ文字のラムダ（Λ）で表されるが、定数でない可能性もある。

　アインシュタインは、ハッブルの観測以前の1917年に宇宙定数を導入している。彼は、宇宙は静止している、つまり、ハッブルの観測が示すように膨張していないと考えていた。その動機を理解するために、宇宙で孤立した2つの銀河をイメージしてみよう。この2つの銀河は重力によって互いに引き寄せられていく。しかし、宇宙定数という新しい圧力が、2つの銀河の間の重力を釣り合わせ、2つの銀河をその場に保持するのだ。ひいては、銀河がたくさんある宇宙にも当てはまり、宇宙は静止するだろう。しかし、アインシュタインはハッブルの観測後、宇宙定数を捨てている。現在では、この圧力はアインシュタインが必要だと考えたよりも、さらに大きな値で存在することが分かっている。

　加速度的な膨張の説明には、宇宙定数以外の仮説もある。一般的には、定数ではない「ダークエネルギー」のようなものを仮定したりする。これらの代替案は、加速度と宇宙の年齢の関係に一定の予測（予言）を与え、これらの予測に対する検証が進められている。ダークエネルギーが例えば物質なのか、はたまた宇宙全体で一定なのか、まだわかっていない。ひょっとすると、私たちの理論の中で、何か根本的な要素が欠けているだけなのかもしれない。今のところ、すべてのデータに一致する最も妥当な説明は、空間的にも時間的にも一定な宇宙定数によって「空間」が記述されるというものだ。そこで、この見方を採用することにしよう。

　宇宙定数が存在するというだけでも十分意義深いことなのだが、宇宙定数は物理学のどの基礎理論にも含まれていないし、地球上の生命や物理には何の影響も与えない。それを測定する実験室サイズの実験も開発されていない。宇宙定数は、宇宙膨張の加速度を定量化し、空間に付随するエネルギーや圧力が存在することを教えてくれるものなのだ。

　このことは、未来に何をもたらすのだろうか。一定の速度で加速しながら高速道路を運転しているとすると、当然どんどん速くなっていく。宇宙

の場合も同様だが、高速道路の一定加速よりも極端な状況になっている。宇宙では、銀河と銀河の間の空間が指数関数的に広がっているのだ。今大きく離れている銀河は、すぐに光速を超える速さで離れるようになるだろう。ここで、宇宙膨張を説明するために時々使われる例えが破綻してしまう。ゴムシートがこのように伸びることは、物理的に不可能なのだ。膨張する宇宙のように振る舞うことのできる物質は、存在しない。

　特殊相対性理論では、情報や質量を持つ粒子は光速より速く伝達したり移動したりできないとのみ定められているだけなので、加速膨張と特殊相対性理論との間に矛盾はない。銀河にとってみれば、その近隣の空間が指数関数的な比率で膨張しているだけで、光より速く情報が伝達されるわけではない。天の川銀河にいる人から見ると、現在観測できている遠くの銀河は、将来的にはただ消えていくだけだ。そしてこの指数関数的な膨張は、いつまで続くかはわかっていない。

　私たちが今どこにいるのか、考えてみよう。私たちは今、宇宙が何でできているのか知っている。これは大きな一歩だ。しかし、どうやって宇宙の構成要素を正確に知ることができるのか、まだ説明していないので、それは第 4 章でお話しよう。現在の宇宙の比率は、原子が 5%、ダークマターが 25%、そして宇宙定数が 70% である。放射は 0.01% 以下であり、それほど重要ではない。この比率は、宇宙の進化とともに変化していく。宇宙の初期には放射が優勢で、他の成分は重要ではなかった。次に、物質が支配的になった。現在では、宇宙定数が支配的である。将来は、宇宙定数がますます優勢となり、原子とダークマターが相対的に重要でなくなっていくだろう。

　これらの割合は、宇宙の平均エネルギー密度に関連付けることができる。全体の質量密度は、1m^3 あたり約 5.5 個の陽子（または $E = mc^2$ で計算される等価エネルギー）に相当する。そのうちの 1.5 個がすべての物質（ダークマターと普通の物質）で、残りの 4 個が宇宙定数と考えられている。もちろん半分の陽子というものは存在せず、質量の大きさを

表しているに過ぎないのだが。1m³の空間の周囲に架空の壁を作って、宇宙を2倍に膨張させてみよう。すると壁の内側の体積は8倍になる。壁の中の質量は変わらないので、その平均密度は1m³あたり陽子0.2個分程度に落ちる（1.5÷8＝0.19）。では、宇宙定数を表す有効質量密度はどうなるのだろうか？　これは、1m³あたり陽子4個のまま変わらない！　真空は自身に付随するエネルギー密度を持っているようなもので、グラフの構成要素として重要なのはそのためだ。また、時間の経過とともに、グラフが宇宙定数に支配されるようになる理由も明白だ。現在より2倍に膨張すると、グラフは、すべての物質が5％、宇宙定数が95％になってしまう。

　ひとたび現在の宇宙の構成要素とハッブル定数がわかれば、宇宙の歴史を通しての宇宙の大きさ（と温度）を決めることが出来る。これは、1922年にアレクサンダー・フリードマンが一般相対性理論から導き出した「フリードマン方程式」の解から導かれる。この方程式への入力は、物質密度、放射密度、宇宙定数に由来するエネルギー密度であり、これらから、現在の値を基準として、宇宙の年齢とハッブルパラメータの関係を求めることができる。図1.5の灰色線は、現在1億1000万光年の距離にある銀河のフリードマン方程式の解を示したものだ。ビッグバンから20億年後までは銀河の後退速度が速くなり、その後、60億年頃まで他の物質との重力的な引き合いで遅くなっていき、現在は宇宙定数の効果で速くなっていることが分かる。

　この解を得ることができたことは、すでに十分な成果である。しかし、宇宙に対する理解はもっと包括的なもので、宇宙論的モデルは単に宇宙の各時代での大きさを示すだけでなく、もっと広範囲に及んでいる。例えば、宇宙がなぜそのような姿をしているのか、ということも理解できるようになる。以下で、そのことを示していこう。

2.4　構造形成と宇宙の歴史

　ここで、第1章での膨張する宇宙という枠組みと、宇宙の主要な構成要素に関する知識を組み合わせてみよう。本節の目的は、「構造」がどのように形成されるかを解明することである。構造とは、重力によって一緒に作り上げられた天体たちを指している。星から銀河、銀河団に至るまで、さまざまな種類の天体が、壮麗かつ多様に存在している。図1.2やプレート4から推測できるように、天体と天体の間には広大で冷たい空間が広がっている。一方、初期宇宙は、高温の熱放射（CMB光子）、電子、陽子、中性子、ニュートリノ、そしてダークマターからなるほぼ一様な原始のスープのようなものだった。宇宙はどのようにして、ある状態から別の状態になったのだろうか？　つまり、どのように構造が形成され、成長していったのだろう？　例えば銀河の形成など、その詳細は分かっていないが、宇宙論研究者は、なぜこれほど広い質量の範囲で多様な構造が存在し、その始まりがどのようであったのかを大枠でなら説明することができる。研究活動が盛んな分野であることを念頭に置き、CMBや宇宙論の標準モデルに当てはまる、確立された重要な要素だけに触れてみよう。

　まずはビッグバンから5分後の話を取り上げよう。このとき、宇宙の温度は10億K弱で、膨張率は現在の300万倍、宇宙定数のエネルギー密度は他のものよりも非常に小さかったため、重要ではない状態である。この時点での温度は太陽中心部の約70倍ほどだが、物質の性質はよく理解されている。宇宙の元素組成は、質量比でおよそ75%が水素、25%がヘリウムである。この比率は、現在でもほぼ同じで、後で触れる最初の3分間の陽子、中性子、ニュートリノ間の核反応率によってすでに決まっていた。

　当初、これらの原子核は電子や光子とともにガスの状態だったが、温度が高すぎるので中性原子にはなれていない。このような気体は「プラズマ」と呼ばれ、固体、液体、気体に次ぐ第4の状態と呼ばれることもあ

る。宇宙論的プラズマでは、電子1個に対してCMB光子が20億個近く存在し、陽子1個に対してダークマター粒子はその5倍強の質量を持っていた。ニュートリノは核反応に関わる以外には、他の物質とほとんど相互作用せず、また非常に速く飛び回っているため、この時代の構造形成に直接的には関与していない。

　宇宙の構成要素と状態を手に入れたところで、次は物理的なプロセスに目を向けよう。宇宙が膨張しているという概念は一旦脇に置いておいて、同じ質量の物体が等間隔で静止している、無限に長い一次元のひもをイメージしてみる。これらの質量は重力によって互いに引き合っており、重力が唯一の力であると仮定する。すると重力は引き合うだけなので、この配置は安定しない。例えば、任意の物体を選び、それをほんの少し右にずらしてみよう。このとき、その物体は左隣よりも右隣の物に近い位置になる。重力は距離の2乗に反比例するので、右への引力は最初の左への引力より強くなり、その物体と右隣の物は互いに向かって落ちて（動いて）いく。このように間隔がどこか一か所でも変わると、ひも全体が不安定になり、質量が集まり始めてしまう。

　宇宙の構造形成の背後にある物理的なプロセスは、重力の不安定性である。プロセスを始動させるためには「種」となるものが必要だが、いったん始動すると、かつては一様だったダークマターやプラズマのガスが構造を作っていくことになる。もちろん、一次元の物体のひもは単純化しすぎている。急速に膨張する宇宙の中で、全体像を得るためには、すべての構成要素を考慮せねばならない。そのプロセスを見ていこう。ただし、「種」の起源については、4.2節まで後回しにしておく。

　いくつかのプロセスは同時に起こる。ひとつ目のプロセスとして、構造形成の種がダークマターの凝集を開始する。しかし、最初の5万年間は宇宙が急速に膨張しているため、構造を形成することができない。一次元の例で言えば、物体が落ち始めるが、宇宙の膨張が速すぎて物体が集積出来ないのである。このような現象が起こっている一方で、電子とCMB光

子は強く相互作用し、互いに散乱し合う2つ目のプロセスが持続的に続いている。これは、濃い霧の中にいると、光が水蒸気に散乱して、どの方向も同じようになり、遠くが見通せなくなるのに似ている。そして、3つ目のプロセスとして、反対の電荷は引きつけ合うので、マイナス電荷の電子は、プラスの陽子（水素の原子核であり、ヘリウム原子核にも含まれる）と引き合う。このとき、CMBは陽子よりもはるかに軽い電子と効果的に相互作用している。電子は陽子と引きつけ合うが、高温のため結合して原子を形成することはできないし、原子になったとしてもすぐにイオン化されてしまう。この2番目の電子と光子の相互作用は重力よりもはるかに強いので、たとえ宇宙が急速に膨張していなくても、プラズマが集積するようなことは起こらない。電子（したがって陽子も）は、放射との強い相互作用によって集積することがない。このように、「集積」「散乱」「電気的な引力」の3つの現象が同時に起こっている。

　宇宙が膨張するにつれて、放射は冷え、膨張のスピードは減少していく。やがて5万年後、物質がエネルギー密度として支配的になると、膨張率はダークマターが集積し始めるほど遅くなるが、プラズマが集積するにはまだ温度が高すぎる。CMBと電子の相互作用が、重力に打ち勝っている状態が続く。

　40万年後、宇宙は水素原子ができる温度まで冷えてくる。すると比較的短時間で、電子は陽子と結合する。電子は自由な状態では、あらゆる波長の放射と散乱などの相互作用するが、いったん結合すると原子物理学の法則に従い、相互作用が制限される。結合後まもなく、電子はCMBを散乱しなくなり、前述の2番目と3番目の反応が終わる。そして水素原子は集積し始めることになる。（ヘリウム原子も同じようなプロセスを経るが、水素より若干早めである。）宇宙が誕生して5万年後からダークマターの集積が進んでいるため、質量の集積はすでに始まっている。原子はこのダークマターの構造の中に落ちていく。

　異なる領域でのダークマターの集まり方の濃淡はとても小さなものだ。

48

10万分の1程度の質量の差しかなく、その比率はあなたの全質量（体重）と比べると小指の先ほどの量にすぎない。この程度の差で、原子の集積が始まる。

　水素原子が形成されと、CMBの光子は電子との相互作用から切り離される（電子との結びつきが解かれる）ので、この時期は「脱結合（宇宙の晴れ上がり）訳者注5」と呼ばれる。これ以降、光子は宇宙を自由に飛び回ることができる。まるで霧が晴れたかのように、遠くの岸辺から光が届くようになる。私たちの検出器に届いた光子は、この過程（脱結合時）で散乱を終え、観測可能な宇宙の半径分を横断して私たちに到達したのだと、概して考えられる。このように、CMBは138億年前（マイナス40万年）の宇宙の姿を私たちに見せてくれている。それは、遠くの銀河からの光が、その銀河の若いころの姿を私たちに見せてくれるのと同じだ。しかし、CMBは星や銀河が存在する以前、つまり物質が構造を形成し始めたばかりの時代からやって来ている点が大きく異なっている。このため、CMBは「宇宙の赤ちゃん時代の写真」と呼ばれることがある。

　宇宙の晴れ上がりの後、宇宙は中性になり、「暗黒時代」（プレート5参照）とシャレも含めて呼ばれる時代に入る。輝く星がなく、CMBが膨張によって十分に冷え、可視光線を発しなくなったからだ。この間、原子はダークマターの集まっている場所へと集まり続けている。重力的な不安定によって引き起こされた集積は、恒星サイズから無数の原始銀河を含む巨大なフィラメント構造まで、あらゆるスケールで起こった。しかし、最初に形成されたのは星であった。星は宇宙を照らし、暗黒時代を終わらせたのだ。

　星形成は、ビッグバンから約2億年後に起こった。最初の世代の星は水素とヘリウムで出来ていたが、核融合によって、炭素、窒素、酸素などの重い元素を中心部で作り出した。これらの星は進化の後、超新星爆発を起こし、重元素を宇宙全体にまき散らした。私たちは、これらの重元素で出来ている。これら第一世代の星の残骸や痕跡探しは現在も進められてお

り、中にはブラックホールになったものもあるかもしれない。にもかかわらず、そのような星の「遺灰」は確認されているので、これらの星が存在したことは疑われていない。太陽のようなより最近生まれた星は、表面にヘリウムよりも重い元素を含んでいるが[7]、これらの元素は、第一世代の星に先立って、現在観測されているような量が作られることはあり得ないからだ。1969年にジョニ・ミッチェルが歌ったように、「私たちは星屑であり、10億歳の炭素（ダイヤモンド）」なのだ。この歌詞が書かれた後、宇宙に関する知識は格段に増えたが、「私たちは星屑であり、136億年前の炭素」というのも、ちょっとピンと来ない感じではある。

　また、第一世代の星は、高エネルギーの光子を放射して水素原子核（陽子）から電子を引き剥がすのに十分なエネルギーを作り出していたこともわかっている。このように、宇宙は構造を持たない電離したプラズマから始まり、晴れ上がり（脱結合）によって水素とヘリウムの中性ガスとなり、5億年から10億年の間に第一世代の星によって再電離された。しかし、この時点までに宇宙は十分に膨張し、CMBも十分に冷えていたため、構造形成は続くことができた。それでも、再電離で自由になった電子はCMB光子のおよそ5〜8%を散乱しており、その影響はCMBで確認されている。第一世代の星の形成と同様、再電離のプロセスも複雑でまだよく分かっておらず、研究が活発に進められている分野だ。しかし、銀河間空間が現在も電離されていることから、この過程があったことは確かである。

　宇宙が進化するにつれて、新しい星が現れ、銀河が形成され、銀河団が成長していく。最も大きな構造は現在も形成され続けている。プロセスを順を追って説明してきたが、あらゆるスケールの構造形成が程度の差こそあれ、同時に起こっているのだ。

　構造形成と宇宙の時系列のシナリオは、一見すると良く工夫されている

7　太陽は46億歳で、あと約50億年は現在の姿のままでいると予想されている。超新星爆発を起こすほど重くはない。

ように見えるかもしれない。しかも細かいところまで。物理学は単純明快
で、十分に検証されている。よってこのモデルも予測（予言）することが
可能であり、その予測を確認するための複数の取り組みが進行中である。
私たちの描像は、観測に根ざしている。あらゆる種類の望遠鏡が、違った
時代のさまざまな構造を観測し、そのプロセスを描き出している。もし重
力が私たちが考えているのと違っていたら、もし宇宙定数が定数でなかっ
たら、もし陽子とダークマターの比率を正しく見積もってなかったら、も
し新しいプロセスや粒子が発見されたら、あるいはニュートリノが構造形
成に大きな役割を果たしていたら……宇宙構造が時間とともにどう成長す
るかを継続的かつ詳細に観測することにより、その影響を知ることができ
る。このシナリオに確信が持てる理由の一つは、そのプロセスがどのよう
に始まったかを私たちが知っていることだ。これは、次のトピックである
CMB 異方性から分かることの 1 つである。

第3章
宇宙マイクロ波背景放射
のマッピング

　現代において、宇宙でのエネルギー密度の時間変化や水素とヘリウムの比率、様々なプロセスが進む年代など、その成り立ちについてかなり詳細な説明が可能となっているが、それは、これらの量がCMBに特徴的かつ測定可能な方法で影響を与えているからである。CMBから多くのことが学べる理由を理解するために、ここでは、夜空（天球上）の位置によるわずかな温度差に注目しよう。この場所による温度の違いは、温度異方性と呼ばれている。「等方性」とは「異なる方向を測定しても物理的特質が同じ値を持つこと」を意味し、これに対し等方的でない場合が「異方性」となる。CMBは等方的ではないが、その異なる方向での温度の差はごくわずかで、通常は1万分の1K（0.003%）程度である。

　CMBの異方性は、WMAP衛星やプランク衛星によって、全天にわたり卓越した精密さで測定されてきた。地図はよくモルワイデ図法で表されたりするが、地球表面のような本来球面であるものを、平らな紙の上に表わすいち手法に過ぎない。図3.1は、モルワイデ図法による地球で、赤道

52

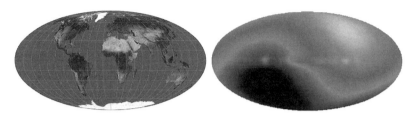

図 3.1. 左：モルワイデ図法による地球。出典：Daniel R. Strebe 2011 年 8 月 15 日。
右：COBE/DMR によって測定された CMB 双極放射のモルワイデ図（波長 0.6cm）。宇
宙の基準系に対して、太陽系は左下の暗い領域から、右上の明るい領域に向かって光速
の 0.1% で移動していることがわかる。この温度範囲では、天の川銀河の銀河面の一部
（明るい場所）がちょうど見えている。たとえば、中央左の円形域は、プレート 3 で見
た「はくちょう座」領域。どちらの地図もモルワイデ投影法を用いているが、図 1.1 に
見られるように、天球上での（地球の）赤道は相対的に銀河面に対して約 50 度傾いて
いる。（出典：NASA/COBE Science Team）

は地図の中央の水平な線で、北極が上、南極が下である。

　プレート 7 は、WMAP とプランクによる CMB 異方性の地図（マップ）
である。図 3.1 の左側が宇宙から地球を見下ろしたものであるのに対し、
プレート 7 の画像は空を見上げたもの。これらのマップは、赤道が銀河面
と一致するように作られている。¹ マップの中心は銀河の中心に対応し、上
が「北銀極」下が「南銀極」になっている。このマップは WMAP の波長
0.5cm（5,000μm）での観測で、プランクのものは波長 0.2cm。両衛星とも
複数の波長で全天マップを作成しており、これらはあくまで代表的な画像
である。一般に、プランクの地図は WMAP よりも高精細だが、銀河赤道
から離れると図柄が似てくるのが印象的である。

　WMAP もプランクも、CMB の絶対温度を測定していない。もしそう
であれば、マップは CMB の絶対温度に対応した（温度差のない）同色調
のものになるはずである。その代わり、平均温度 2.725K からの差のみを

1　プレート 7 のパネルにある中央の赤い横線は、プレート 2 の銀河面（GP）とプレート 3 の
中央の赤い横線に対応している。

測定している。最大の空間的な異差はCMB双極子と呼ばれ、図3.1に示されている。双極子の振幅（温度差）は$3,350\mu$Kであり、プレート7で表示しようするとカラースケールが飽和してしまうので、画像を作成する際にこの双極子成分は差し引かれている。衛星がCMBに対して実際に速度を持っているため、双極子が現れている。ドップラー効果から想像できるように、黒体に向かって進むと（波長が短い方にずれて）わずかに熱く見え、遠ざかると（波長が長い方にずれて）わずかに冷たく見える。このように、周囲を見渡すことによって、自分が黒体に対して相対的に静止しているかどうかがわかる。

　双極子の存在は、宇宙についてもう一つの洞察を与えてくれる。それは、普遍的な宇宙の基準系が存在することである。これは、単にひとつの基準系を定義しているだけなので、物理法則に反するものではない。これは、宇宙の膨張から個々の銀河の運動を差し引いた、銀河が平均的に静止している系と同じものである。ほとんどの銀河は、この系（静止系）に対して独自の速度を持っており、天の川銀河も例外ではない。この基準系に対する私たちの実際の速度は、光速の約0.1%で、私たちはかなり速い速度で動いていることになる。この速度を構成する主な要素は、太陽の周りを回る地球の運動（光速の0.01%）、天の川銀河の中心周りの太陽の運動（光速の0.08%）、銀河の局部群内での天の川銀河の運動、そして局部群と他の銀河との相対的な運動である。これらの速度は方向が異なるので、合わせた動きを考える際には注意が必要である。

　CMBの測定では、太陽の周りを回る地球の速度成分が特に重要である。これは軌道双極子と呼ばれ、測定装置の高精度の校正に利用できる。地球の周回速度はCMBとは無関係に正確に測定できるため、軌道双極子の振幅も同様の精度（270μK）で予測できる。一方で、全てを含んだ双極子成分が人工衛星での一年の観測で得られるからである。宇宙の果てから届く放射の変化を、太陽のまわりを回る地球の動きで校正していると考えると、分かりやすい。

54

プレート 7 では、カラーバーが平均値からのずれの大きさを示している。上の画像の破線の上下にある領域を考えてみよう。ある部分は平均より温度が高く、最も赤い部分は絶対零度より約 2.7253 度かそれ以上高くなっている。また、ある部分は温度が低く、最も青い部分は絶対零度から約 2.7247 度かもう少し低い温度である。これらの色はカラーバーの端にあるため、「以上か以下か」となる。それぞれの図の赤道部に描かれている幅広の赤い縞は、この波長の天の川からの放射で、プレート 1 では、この「銀河放射成分」を差し引いてある。次に実際に天の川を見上げるときに、より長い波長のことまで考え、CMB の異方性との関係をイメージできるように、ここでは全容を紹介した。しかし、宇宙論を理解する上で、天の川銀河や他の銀河からの放射は、余計なものでしかない。

3.1　CMB を測定する

プレート 7 の図をどのように理解するかの詳細に入っていく前に、実際にどのように測定が行われたかを見てみよう。CMB は 1965 年にアルノ・ペンジアスとロバート・ウィルソンによって発見された。彼らはニュージャージー州ホルムデルにあるベル研究所のクロフォードヒル研究所で、通信衛星からの信号を受信するための望遠鏡（受信機）に取り組んでいた。この最新鋭でよく調整された受信機で、予期せぬシグナルを検出したのである。それによれば、全天がおよそ 3.5K の熱を放っていることになる。この信号が宇宙的なものであると信じる第一の理由は、それがどの方向からも同じであったことだ。[2] それ以来、CMB はさまざまな方法で測定されるようになった。その研究の将来性から、絶対温度や異方性を測定するた

2　ペンジアスやウィルソンも含めた CMB の発見や歴史については、Peebles, Page, and Partridge 著、『Finding the Big Bang』（ケンブリッジ大学出版局　2009）に詳しい。ニアミスや誤判定を含め、科学的事実を立証するためのあまりにも人間的な物語である。

めの新しい技術や素晴らしい装置が次々と開発されていった。ここでは、宇宙のあり様について最もよく知ることができる異方性の測定に主に焦点を当てる。

1960年代後半には、およそ1000分の1Kの温度差を探すために、室温の単素子の検出器で上空をスキャンしていた。今では、絶対零度よりも0.1度ほど高い温度まで冷却された数千素子の検出器を搭載した装置が24時間稼働し、CMBの温度差を100万分の1Kあるいはそれ以上のレベルで測定するまでになった。その実験的な難しさは、信号の約10億倍も高温である300K（室温）の環境下で観測装置を働かせて、天球上の位置によるこのわずかな温度差を測定することにある。技術や手法の着実な進歩が、より深く持続的な観測を可能にしてきた。

CMBは、図2.1に示すように波長0.1cm付近が最も強いが、幅広い波長帯に及んでいる。地球の大気の外で観測すると、波長30cmから0.05cmの間で、銀河平面から離れてしまえばCMBが他の何よりも明るい。しかし、特に0.3cmより短い波長では、大気中の水蒸気の影響が、標高の低い場所からの測定を不可能ではないにしても、困難にする。そのため、研究者たちはカリフォルニア州のホワイトマウンテンやチリのアンデス山脈、南極など、高くて乾燥した場所に観測装置を持ち込んだり、気球に載せたりしてきた。しかし、CMBを測定するための究極のプラットフォームは、人工衛星である。

CMBと赤外線放射の測定に特化した最初の衛星[3]が、1.1節で説明したNASAのCOBEである。その後、ウィルキンソン・マイクロ波異方性プローブ（WMAP）、そして、プランクと続いている。全く違った観測方法をとりながら、図3.2に示すように、CMBの異方性の最も完全で最良の画像を提供しているので、この2つの衛星に焦点を当てよう。

ペンジアスとウィルソンは、CMBを7.4cmの波長で測定した。これは

3　ソ連の物理学者たちが1983年にレリクト（Relikt）衛星に搭載したCMB放射計で、CMBの異方性の検出に肉薄していた。

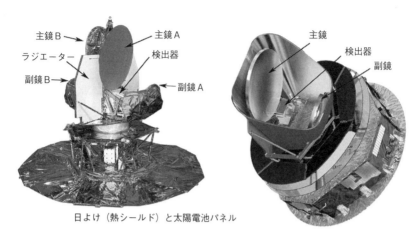

主鏡B　　　主鏡A
ラジエーター　　　検出器
副鏡B　　　　　副鏡A

主鏡　　検出器　副鏡

日よけ（熱シールド）と太陽電池パネル

図3.2. 左側がWMAP衛星で、右側がプランク衛星。WMAP衛星の反射鏡（ディッシュ）は140cm×160cm。プランク衛星は150cm×190cm。両衛星とも高さは約300cmで、ほぼ同じ大きさである。WMAPの場合、太陽はページ下部の方向にあり、Planckの場合、太陽は右下の方向になる。熱シールドにより、WMAPの主鏡は60Kまで、プランクは40K以下になるよう設計されている。両衛星とも、検出器は主鏡のすぐ下にある。WMAPでは、大型ラジエーターでの排熱のみで、検出器を90Kまで受動的に冷却している。プランクでは、冷凍機によって長波長側の検出器を20Kに、短波長側の検出器を0.1Kに冷却している。（出典：ESA and the Planck Collaboration; NASA/WMAP Science Team）

「マイクロ波」帯であるため、宇宙マイクロ波背景放射と呼ばれるようになったが、CMBのほとんどの放射はより短い波長帯にあることが分かっている。7.4cmは比較的長い波長だったので、大気の影響をあまり受けなかったのだ。マイクロ波帯でよく使われる機器としては、テレビ（チャンネル2〜83、波長500cm〜34cm）や電子レンジ（波長12.2cm）などがある。現代のテレビ衛星放送のアンテナは1cmの波長付近で送受信している。そしてWMAPは図3.2のようにテレビの衛星アンテナを2つ背中合わせにしたような形をしている。これは偶然の一致ではない。WMAPは波長1.3cmから0.3cmの間の5つの帯域で観測しているからだ。

　どのように測定するのかをより良く理解するためには、昔ながらの（ア

ナログの）テレビを思い浮かべてみると良い。例えば、テレビに直接取り付けるタイプのアンテナを持っているとしよう。ある周波数にチャンネルを合わせても、そこでの放送がなければ、テレビ画面には砂嵐やノイズが表示されるだけになる。このノイズには2つの原因がある。即ち、アンテナを通して周囲からテレビに入ってくるマイクロ波と、テレビ内部の電子機器からのノイズだ。この砂嵐のうち、アンテナからの成分について考えてみよう。入射したマイクロ波は、アンテナ構造の中の電子を動かす。次に、それらの電子がテレビ受信機のトランジスタの入力をくすぐり、テレビ受信機の後段の部分が信号を増幅し、視覚化する。CMBは放送信号と同じようにアンテナに入るが、ノイズのように見える。粗い概算では、テレビ画面の全ノイズの内の約1%がアンテナを通って入ってくるCMBによるものだ。

　異方性を測定するには、テレビのアンテナをある特定の方向に向け、その砂嵐の様子を、例えば写真に撮ったりヒスを録音したりして記録すれば良い。テレビのセッティングはそのままで、アンテナを別の方向に向け、また砂嵐の様子を記録する。砂嵐の様子の違いが、そのままアンテナに入ってくる放射の温度の違いに対応する。

　測定の改良法は容易に想像がつく。CMBからのノイズ（信号）が勝るように、よりノイズの少ないテレビ受信機を手に入れたいときっと考えるだろう。多少直感に反するが、CMBを測定するために、検出器をCMBより冷たくする必要はない。重要なのは、検出素子内の電子がCMBに自由に反応できることだ。例えばトランジスタを100Kに冷やせば、電子は（熱的な邪魔を受けず）自由になり、トランジスタからの電気的ノイズは減少する。一度に多チャンネルで受ければ、信号を強くすることもできる。アンテナの指向性も良くしたいし、もっと波長の短い電波を受ける受信機にしたい、などなどが考えられる。実際にWMAPは、非常に高性能なトランジスタと細部へのこだわりを持ち、これらをすべて実現している。

　WMAPのもう一つの大きな特徴は、2つの異なる方向からの放射を同

時に受けて比較することである。そのために、パラボラアンテナが背中合わせになっている。この装置では、絶対的な温度を測定することはできず、2方向の温度の差分を膨大に集積することになる。そして、これらの差分をコンピュータのプログラムで組み合わせ、プレート7に示すような空間的な温度差だけのマップを作成している。

　図3.2に示すプランク衛星は、これとは異なるアプローチをとっている。プランク衛星の受信アンテナは1つだけであり、衛星を自転させて自転中の平均温度を求め、それとの温度差を見るというものだ。WMAPの20チャンネルに対し、プランクは72の独立したチャンネルで常に観測しているが、両衛星ともかなりの冗長性を持っている。プランクには2つの観測装置があり、組み合わせにより波長1cmから0.035cmを9つのバンドで測定する。低周波（長波長）側の3つのバンドはWMAPと同じだが、高周波（短波長）側の6つはボロメーターを使ったWMAPと違った波長の観測になっている。

　ボロメーターは、温度計のようなもので、非常に繊細な素子である。その上に当たった熱エネルギーの量をシンプルに測定している。トランジスタと違いボロメーターは、CMBを検出するために十分に低温である必要がある。ボロメーターを使用する鍵は、測りたい放射だけがボロメーターに届くよう、うまく隔離することである。プランクに搭載されたボロメーターは、0.1Kまで冷却されており、1万分の1Kよりも小さな温度差を1秒間で測定することができた。

　どちらの衛星も、太陽と反対方向に地球から約150万km離れたL2（第2ラグランジュポイント）から観測していた。1772年、ジョセフ・ルイ・ラグランジュは、地球と太陽の引力がちょうどバランスして軌道運動できる場所が、太陽系内に5カ所あることを見出ている。L2の位置は重力的には不安定なので、衛星の小型のジェットを時々噴射して、遠くへずれて行かないようにしている。WMAPとプランクは多くの他の衛星と異なり、地球ではなく太陽の周りを回っていたのである。

　L2 では、十分遠くから太陽、地球そして月を見ることになる。これら
の天体は、私たちが測定したい微小な温度変化に比べて高温なので、これ
は大変重要である。また、L2 は昼と夜のサイクルがなく、熱的に安定し
ていることも重要な特徴だ。この安定性は、何度も繰り返し観測し、デー
タを平均化する際に効いてくる。WMAP は 9 年間、プランクは 4 年間観
測を続けた。

　これらの人工衛星の役割は、宇宙の放射温度を測定するという単純なも
のだが、限界まで機能させるためには、系統的な誤差の原因をかつてない
ほど制御する必要があった。「悪魔は細部に宿る」のだ。例えば、ある日
の測定と 2 年後の測定を、機器の基本的なノイズ特性のレベルで直接比較
できることを確認する必要があった。データ解析の中で、機器とそれに対
する環境からの影響が想定内かどうかをチェックすることに、圧倒的な計
算量が費やされた。

　CMB の測定に対して繰り返し聞かれる質問のひとつが、「本当に十分
遠方からの光であって、天の川銀河やローカルグループの中ではないこと
を、どうやって確認するのか？」だ。これを確認する最善の方法は、異な
る波長で異方性を測定することだ。プランクの式が黒体の波長帯ごとの
エネルギーを正確に表しているように、揺らぎに関しても同様の関係が見
られるべきである。銀河からの放射は、波長に対する放射エネルギーのパ
ターンが大きく異なるので、CMB と区別することができる。プランクと
WMAP は複数の波長帯を持っているので、「前景放射」を宇宙背景放射
から明確に分離することができるのである。

　CMB から銀河の放射を分離する単純な方法は、銀河をマスクすること
で、我々の目的には実はこれで十分だ。これは、どのような分析からもマ
ップのその部分を除外することを意味している。試しにプレート 7 の上
図で、破線で示された緯度 ±20 度の間の領域を心の目で除外してみよう。
この領域の北側と南側には、様々な不規則な形と大きさの高温と低温の領
域が、一見ランダムに並んでいるように見えるはずだ。これが、私たちが

追い求めている CMB 異方性信号である。

　プレート4のハッブル・ウルトラ・ディープフィールドを見ると、なぜ CMB の観測ではこうした銀河が見えないのか不思議に思うかもしれない。その理由は3つある。1つ目は銀河からの放射が強い波長域が異なること、2つ目が（画像の大部分が黒っぽいことでわかるように）銀河と銀河の間に大きく空間があいていること、そして3つ目は銀河の大きさが見かけの角度として小さいことだ。高角度分解能の CMB 望遠鏡で空を観測すると、銀河や銀河団を見分けることはできるが、プレート7の図への寄与は事実上無視できる程小さいのだ。

　プレート7では、重要なポイントを示すために、2つの異なるマップを表示している。CMB の異方性は、検出器も、観測戦略も、関わった科学者も異なる2つの完全に独立した衛星のグループによって、高精度で測定された。データ解析も独立した競合するグループによって行われたが、最終的に、2つのマップは同じものになっており、さらに追認もされている。

　CMB を測定することは、今や「ビッグサイエンス」だ。1990 年代までは、2〜3人の研究者のグループが、高価ではない装置で画期的な測定を行うことができた。しかし現在では、関係者が数千人で測定器は何百万ドル、衛星は何億ドルも掛かるようになった。衛星によるマップは、全天をカバーするものとしては相変わらず最も正確なものだが、空の特定の領域や特定の角度スケールによっては、別の手段でこれらを大きく改善することが可能である。地上望遠鏡のネットワークでは、プランクや WMAP よりもさらに高い精度で、全天の半分以上の CMB のマッピングが既に進められている。

3.2　CMB の異方性

　例えば、WMAP やプランクのマップをマスクしたり余分なものを取り

除いて、残りの信号がCMB異方性であると確信できたとしよう。しかしこれは単なる温度の集合体、ヒートマップに過ぎない。そこからどのように宇宙論に結びつけていくのだろうか？　まず、このヒートマップは、ビッグバンから40万年後の宇宙の観測可能な果てを表していることを思い出してほしい。この時、宇宙は全領域で光と物質の「脱結合」を起こしたが、この放射は我々を取り囲む球面から来たと考えることができる。なぜなら、現在測定されているCMBはこの領域（時代）を起源としたものだからだ。この領域は「晴れ上がり面」と呼ばれることもあり、私たちが検出する光が原始プラズマ状態から脱結合した（晴れ上がった）ことを想起させる。プレート5では、晴れ上がり面は一番外側の殻である。

　高温や低温の領域は何を示しているのだろうか？　私たちが見出したいのは、ビッグバンからわずか40万年後の宇宙の重力の強さの分布との関連性だ。少し手間がかかってもこのつながりが重要なのは、物質の空間分布とCMBの温度異方性を関連づけることができるようになるからだ。

　先ほど、質量が集まって構造を形成する様子を1次元で簡単に見てきた。しかし、宇宙はもちろん3次元だ。質量が集まると、その部分の重力は他の部分より強くなる。例えば、地球が同じ大きさでもより重くなれば、重力が強くなるので、私たちの体重も重くなる。同じように、一定の体積中の質量が多ければ多いほど、重力の強さは大きくなる。このような宇宙空間での重力の強さの変化を「重力のランドスケープ（空間分布）」と呼んでいる。そして、このランドスケープが、次に述べるようにCMBの異方性を生み出している。

　これは2次元平面上での塊と考えるとわかりやすいかもしれない。例えば、2次元の土地に、さまざまな幅や高さの丘や谷があるとしよう。土地の高さの違いは、重力の強さの違いを表している。つまり丘の上より谷の方が重力が強い。晴れ上がり前に宇宙が進化すると、ダークマターが塊になり、谷が深くなる。光子、電子、原子核のプラズマは谷に落ちようとするが、持っているエネルギーが高いので、なかなか塊にならない。

　このプロセスを身近なもので例えるのは結構難しい。プラズマを大雑把に捉えると、揺れ動いている水がプラスチック製の卵ケースに溜まろうとするようなものと考えることができる。卵ケースは丘と谷を表している。しかし、水とは異なりプラズマは圧縮される。谷に落ちると圧縮されて加熱され、跳ね返されるのだ。

　この時の全宇宙は、圧縮されたり薄くなったり、跳ね返ったり振動したりするプラズマが満ちていて、谷に集まろうとしてもそこに落ち着くことができない。そして、40万年という比較的短い時間で、宇宙は原子ができるほどに冷え、CMBが解放され、プラズマ状態が終わる（宇宙の晴れ上がり）。CMBはこの時の宇宙の状態を記録しているのである。谷に落ちたプラズマは、ピストンで圧縮された気体のように、圧縮されて加熱される。マップの赤で示した高温の領域は、プラズマが高温になっている重力の谷の位置を概ね示しており、青の領域は重力の丘の位置を示している。CMBは、原初の重力のランドスケープのスナップ写真を提供しているのである。そして、放射から自由になった原子は、このランドスケープに反応し、先に述べたような宇宙構造へ重力的につぶれていくのだ。

　マップのコントラスト、つまり場所ごとの温度差のレベルは通常、100μK程度である。私たちはよく「ゆらぎ」という言葉を「領域ごとの違い」の意味で使っており、その温度のゆらぎはおよそ全体（3K）の10万分のいくらかである、と言える。これは、前章で議論した物質のゆらぎの量とほぼ同じで、もしあなたの体重が晴れ上がり時の物質の典型的な量を表すとするならば、ある領域にはあなたと全く同じコピーがあり、別の領域にはあなたの小指の先ほどの重さをプラスマイナスしたコピーがあるということになる。物質の凝集と異方性のレベルは密接に関係しており、実際、ゆらぎの源は今見てきたように同じなのである。

　プレート8aは、プレート7上部の図にある小さな灰色の枠の中の領域のクローズアップである。一辺は満月の直径8個分（約4度）ほどの大きさである。高温領域と低温領域は斑点状で不規則な形をしているが、特徴

的なサイズがあることがわかる。この画像が何千もの小さな色の斑点で構成された点描画のようには見えないのは明らかある。また、画像の半分を占めるような大きなパッチも存在しない。特徴的なサイズは、満月の直径のおよそ2倍ほどに見える。

　なぜ特徴的な斑点の大きさがあるのだろうか？　重力のランドスケープに話を戻そう。原初のプラズマは、最も圧縮されたときに最も高温になる。これは、プラズマが谷の壁を四方から「流れ」落ちたときに一度だけ起こった。ビッグバンからおよそ5万年後にプラズマが流れ始めてから晴れ上がるまで（40万年後）の間だ。この流れの速さは、音が空気中を伝わるのと同じように、プラズマの中の何らかの乱れが伝わる速さと考えられる。プラズマの流速は、基礎物理学で分かっている。一方、プラズマが流れることができる時間は、宇宙の膨張によって決まっている（40万年後にはプラズマがなくなり、CMB放射は自由に広がるから）。流速×時間が距離なので、ホットな斑点を効果的に作ることができる特徴的なサイズの谷が存在することになる。同様に特別な大きさの丘が、冷たい斑点を作る。プラズマの速度と最適な谷の大きさは、従来の物理学の範囲で理論的に高い精度で計算できる。あらゆる大きさや深さの谷が存在することは間違いないが、CMBでは特徴的なサイズが目立つのである。

　では特徴的なサイズを簡単に計算してみよう。まず、プラズマが流れることのできる時間は、40万−5万＝35万年。プラズマの速度の見積もりは結構難しい。主に光子で構成されているので、プラズマ中の乱れの速度は光の速度のおよそ半分と、非常に速い。光速の半分で35万年間動いたとすると約20万光年となり、これは谷底と谷の端の距離に相当する。しかし、この間に宇宙は3倍に膨張している（付録A.3参照）ので、これも考慮する必要がある。もっと精密な計算すると、45万光年に近い大きさであることがわかる。これは、プラズマの流れが音波のようなものであることから「晴れ上がり時の特性音響スケール」と呼ばれている。この特別なサイズ、例えばホットスポットやコールドスポットの直径に相当するも

のは、この2倍の90万光年ほどとなり、現在の天の川銀河の直径の約9倍である。

　当時の宇宙が今と比べてどのようなものであったかがわかるようになってきた。1000倍も温度が高く、ずっと均一だったのだ。もし宇宙を一辺90万光年の大きさに分割したら、あるものは10万分のいくらかだけ平均より質量が大きく、ある場所は同じ割合だけ小さい。このわずかな質量差は、CMB異方性として現在見ることができ、宇宙が膨張している間に重力不安定性を通じて成長し、現在の宇宙構造を形成したのである。

　このプロセスは、1970年代にジム・ピーブルスとジャー・ユーが初めて発表し、ラシード・スニヤエフとヤコブ・ゼルドビッチの関連論文でも説明されている。このモデルは、数十年の間に改良され、拡張されてきたが、基本的なイメージは変わっていない。地球で行われた測定に基づいて初期宇宙で起こるべきことを予測し、その予測をさらに検証することができる——これこそが、物理学の普遍性を証明するものだ。高温領域と低温領域の背後にある物理は、上で説明したよりももっと複雑だが、今見てきたプロセスは、CMBマップの特徴を生み出す元となるものなのだ。

3.3　CMB の定量化

　理論的なモデルと比較するためには、マップを定量化する必要がある。つまり、温度や大きさの異なる高温や低温領域がランダムに分布したものを、数値で表したい。異方性マップは、数学的には2次元の球面上のランダムな数値の集まりである。数十年にわたり、このようなマップを特徴づける方法がいくつか開発されてきた。ここでは、そのうちの2つを見ていこう。

　最初の方法は、シンプルだが強力でもある。単純に地図を見ていき、ホットスポットがあるところでは、そのホットスポットを中心に4°×4°を

抜き出す。二重にカウントしないように注意しなければいけないが、そのためのアルゴリズムを工夫して試すことも出来るだろう。プレート8aの左図には、1ダースほどのホットスポットがあるので、この領域の周辺を含め、4°×4°のパッチを12個作ることになる。プレート7上図の破線の南北の銀河面からかなり離れた領域には、約1万個のホットスポットがある。次に、これらの4°×4°の領域をすべて取り出して、平均化する。すると、平均的なホットスポットが浮かび上がってくる一方で、共通しない特徴は均されていく。今回はホットスポットに注目したが、コールドスポットにも同じことができる。

　プレート8aの右側は、こうして出来たプランクでの平均的なホットスポットだ。これは素晴らしいもので、あの特別な谷の大きさを、非常に正確に見せてくれている。目視では、およそ満月2個分（1°）の大きさに見える。もっと詳しく分析すると、角直径は1.193°となり、これを四捨五入すれば1.2°となる。CMB温度と並んで、この数値は宇宙論において最も正確に測定された数値の1つだ。この数値は、後ほど紹介するように広範囲に影響を及ぼしている。

　マップの意味を理解する第二の方法は、より複雑だが、スポットの詳細をより明確に表すものだ。その結果は図3.3に示すようなプロットで、「パワースペクトル」と呼ばれる。要するにこのプロットは、異なる角度の大きさに対するマップの温度ゆらぎの量の大小を教えてくれる。上記のことから、温度ゆらぎが最も多いのは、1°前後の大きさの領域であることが既に分かっている。これは、図3.3の観測点が1°付近で最大となることに対応する。

　このグラフは、高級オーディオのグラフィックイコライザー（単に「イコライザー」とも）として考えることができる。これは、それぞれの周波数の音を増幅したり、和らげたりすることができるもの。例えば、音楽を聞く際に高音よりも低音を強調したい場合、カーオーディオなら「トーン」のツマミ1つだが、イコライザーなら細かくコントロールできる。一

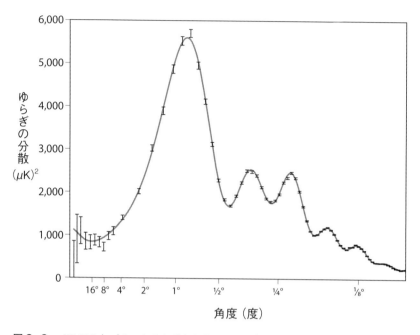

図3.3. WMAPとプランクから得られたCMB異方性のパワースペクトル。ゆらぎの分散または大きさはy軸に、角度の大きさはx軸に示されている。角度の目盛りは等間隔ではなく、1目盛りごとに半分ずつ減っていく。最大値は1°付近で、プレート8aの右側のホットスポットの直径にほぼ対応している。灰色の線は、我々の宇宙を記述する6つのパラメータに基づく最良の適合モデルを示している。測定誤差は、各ポイントに黒い縦線で示されている。

般的なイコライザーは、5〜10列の小さなランプが並んでおり、一番左の列の点灯数が最低音の音量、右の列にいくほど高音の音量を表している。この例では、CMBのマップは音楽に対応している。グラフの左側が低音、右側が高音で、ピアノの鍵盤と同じような配置である。そして、Y軸は周波数またはその音程の音量に対応する。1°付近のピークが261Hzの「ド」の音に相当するとすると、2番目のピークは1オクターブ上の「ミ」のすぐ下の635Hzに、3番目のピークは同じオクターブの「シ」のすぐ下の963Hzにあたる。マップ上では、この2番目と3番目のピーク

は目で見ただけでは容易に識別できないが、ちゃんと存在していることがわかる。つまりこのグラフには、宇宙の音階が描かれている。より正確に言えば、宇宙のハーモニーが示されているのだ。

　図 3.3 は、宇宙論で最も重要なグラフの一つである。これは、世界中の科学者が 50 年以上かけて取り組んできた集大成なのだ。このグラフを作ろうと努力し始めた当初は、何が見つかるのか、また、測定が行われた後にどれだけのことが分かるのか、誰も知らなかった。それが今では、小さな凹凸や振幅が細かく解釈されている。あとでグラフを詳しく見ていくが、何を表しているかをかい摘んで言えば、ピークの位置と大きさ（振幅）から宇宙の構成要素を決めていくことができるのだ。

　このグラフ（図 3.3）は非常に重要なので、別の角度からも考えてみよう。イコライザーの例えは、音楽用語での説明だったが、グラフは実際には、CMB の 2 次元マップのゆらぎについて教えてくれている。空間的な側面について考えてみたい。あなたが海岸から遠く離れた場所で海を眺めていると想像してみよう。海面を瞬時に凍らせたら何が見えるだろうか。この凍った海の風景には、大きなうねり、中くらいの波、さらにさざ波が見えるはずだ。この極寒の大海原は、凍った海面の高さが CMB の温度ゆらぎを表す異方性のマップのようなものと考えられる。海の平均的な深さは、CMB の平均温度 2.725K を表している。その凍った海面では、うねりは最も長い波長と最も大きな高さ（振幅）を表し（ただし障害物のない海のただ中で、嵐の中ではない場合）、波は短い波長と中程度の高さ、さざ波は最も短い波長と最も小さな高さになっているだろう。ここで、飛行機に乗って、凍った海を上空から見てみよう。うねりとうねりの（角度）間隔は、波と波の間隔よりも大きく、さざ波とさざ波の間隔よりもさらに広く見えるはずだ。これをパワースペクトルのグラフにすると、うねりは大きな角度なので x 軸の左側にあり、y 軸に大きな値を持つことになる。波は x 軸の真ん中にあり、y 軸の値も中程度、さざ波は x 軸の右側にあり y 軸の値は小さくなる。このタイプのグラフの有効性がおわかりだろう。凍てつい

た海上の、うねり、波、さざ波といった、さまざまなゆらぎの特徴を端的
に示してくれる。CMBのパワースペクトルを求めることは、概念的には
海面のパワースペクトルを求めることと大差はない。CMBのプロットで
1°付近にあるピークは、我々の飛行機から見て、この角度サイズの凍った
波が並外れて高いことに対応する。しかし、CMBのゆらぎはランダムで
あるのに対し、海のゆらぎ、つまり波はそうではないので、このアナロジ
ーをあまり押し進めない方がよいだろう。

　最後に、プロットをどのように作るかという点を見ておこう。実際の
手順では特殊なアルゴリズムが必要で、測定と同様に長年にわたる進化と
成熟を遂げてきている。しかし、アルゴリズムがどのように組まれている
か、計算の感覚をつかむことはそれほど難しくはないだろう。以下の詳細
は、他のセクションでは重要ではないが、理想的にいけば図3.3をより深
く理解できるようになるはずだ。まず始めに、マップを用意し、天の川が
被っている領域を切り取り、残りの部分を直径8°（満月16個分）の円盤状
に切り出そう。その直径8°の円盤それぞれについて、平均気温を計算す
る。もちろん、8°の円盤の中には小さな高温・低温領域がたくさんある
が、それらは平均化される。最終的に、8°の円盤すべての平均温度のセッ
トが得られる。あるものは平均より熱く、あるものはより冷たい。我々
は、円盤の平均温度にはあまり関心がなく、平均の周りにどの程度ばらつ
いているかを知りたい。これを求める一般的な方法は、個々の円盤の温度
から全体の平均温度を引き、それを二乗する。こうすることですべての値
が正になるので、平均することができる。これは「分散」と呼ばれ、グラ
フのy軸の単位が$(\mu \mathrm{K})^2$であるのはこのためだ。同様に直径16°から直径
1/8°までの、例えば100個の円盤について、このプロセスを繰り返す。小
さいサイズの円盤は次に大きい円盤の分散をすべて含んでいるので、100
番目から99番目を引き、99番目からは98番目を引き……と続けていく。
こうして最終的には、それぞれの円盤の角度サイズに関連した分散のみ
を持つ新しいリストができあがる。最後に、各数値に円盤の角度サイズを

掛けて完成となる。こうして細かいところは抜きにして、新しいリストの数字をy軸に、ディスクの直径をx軸にプロットすると、大まかには、図3.3のような図ができあがる。

　図3.3から、度数スケールのゆらぎだけでなく、もっと多くのことが見て取れる。プラズマの振動や重力のランドスケープとの相互作用などの様々な関わりにより、別のグラフの上下動が生じている。図3.3の各データ点には、縦の誤差棒で表される不定性がある。データを貫く滑らかな線は、宇宙論の標準モデルによるものだ。CMB異方性の測定がなぜそれほど強力なのか、おわかりいただけただろうか。これらの測定点は非常に正確で、かつ制約が多い。宇宙のどのような理論的モデルも、これらのデータに合わなければならないのだ。もし、そのモデルがデータ合わなければ認められず、データ点を予測できなければ、考慮されなくなる。また、宇宙論研究者が、すべての要素を深く知っているわけではないにもかかわらず、そのモデルの基本的な描像は正しいと確信する理由もおわかりいただけると思う。次の章では、モデルがどのように図3.3の灰色の線と関係しているかを説明しよう。

　次に進む前に、CMB異方性のマップをより広い視野で見るために、簡単な思考実験をしてみたい。まず私たちが138億年の宇宙の歴史のすべてを目撃することができると想像してみよう。まず、ビッグバンはどこで起こったかと思うかもしれないが、あらゆる場所で同時に起こったのだ。私たちのいるこの場所でも起こったはずだ。当時の宇宙はもちろん密度が高かったが、とりあえず、無限大と考えよう。ビッグバンの直後にストップウォッチをスタートさせると、軽元素の原子核の合成が3分後、晴れ上がりが40万年後、最初の星の形成が2億年後、といった具合に経験することになる。晴れ上がりが起こった後、ようやく自由になったCMB光子は、観測可能な宇宙の果てまで行くのに138億年かかるのだ。私たち地球の周りには、重力のランドスケープでの谷があり、天の川銀河を含む局所銀河群（図1.2）が形成された。このように、ある場所は谷底であり、ある場

所は丘の上で、そのほとんどは中間の場所である宇宙のあらゆる場所で、同じ物理現象が同時並行で進むのだ。

　では、今あなたが観測可能な宇宙の果てに瞬間移動して、地球の方を振り返ってみたとしよう。何が見えるだろうか。あなたの周りの銀河の環境は、今私たちが見ている環境と同じようなものだろう。どの決められた時代でも、宇宙はどこも同じように見えることを思い出してほしい。地球からは見えない銀河が見えるなど特別なことはあるだろうが、平均的には同じように見えるはずだ。地球や銀河の局所群の方を振り返ると、局所群を作るために物質が集まったはずなので、CMB の高温領域が見えるかもしれない。ここで「見えるかもしれない」と言ったのは、典型的な CMB のゆらぎと比較すると、局所群は角度的に小さくしか見えないからだ。そして、局所群に属する銀河からの光はまだそこには届いていないので、見ることはできないだろう。

　さて、全体像を把握し、宇宙の観測データを物理的でありながらも直感的に考える方法がわかったところで、ギアを上げて、標準宇宙モデルの主要な理論的要素を紹介することにしよう。これには物理学のより高度な概念が必要であり、少しばかり鵜呑みにならざるを得ないこともあるかもしれない。しかし、我々の宇宙を特徴づける 6 つの宇宙論的パラメータと、宇宙の大局的な特性に関わる全ての観測についても説明することが出来るだろう。次の章では、宇宙の幾何学を考えることから始めよう。

第4章

宇宙論の標準モデル

4.1　宇宙の幾何学形状

　宇宙の基本的な特徴の１つは、その幾何学形状にある。幾何学とは、点、線、角度、面などの関係を研究する学問である。では、空間についての考察に戻ろう。まず、空間が異なる速度で膨張できることに触れてきた。そして、弾丸銀河団による重力レンズで見たように、空間は柔軟で、ゆがんだり、曲がったりすることもできる。レンズ現象において、質量の大きな天体の近くの空間が曲がっているとする考えは、それほど無理のないものであろう。しかし、ここでは私たちの３次元空間全体が、４次元の空間へと曲がっていると考えたい。少し難題かもしれないが。

　1800年代半ば、ゲオルク・フリードリヒ・ベルンハルト・ライマンは、次の高次元に行かなくても、我々が曲がった空間の中に住んでいるかどうかが分かることを示した。彼の考えを理解するために、図4.1に示すように、私たちがよく分かっている３次元空間内で曲がった２次元の表面を考

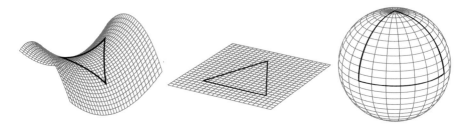

図4.1. 2次元平面の可能な幾何学形状の例。左側は、馬の鞍の面のような開いた幾何平面。永遠に続く平面の一部を表わしている。太い黒線は、表面上の三角形で、内角の和が180°未満になる。中央は、平らな紙のような幾何平面。これも無限に続くと考えられる。ここで、太い黒線の三角形は、内角の和が180°になる。右は、球面のような幾何平面。こちらは有限である。太い黒線の三角形は、内角の和が180°より大きくなる。

える。自分がアリになって、三角形の3つの頂点に挟まれた2次元の表面を歩き回っているとしよう。表面は非常に大きく、アリは高さは無視できるほど小さく、すべての運動は表面に限定されると仮定する。平らな紙の上で任意の三角形の周囲を歩き、内角を合計すると180°になる。この場合、この紙は「平坦な」幾何学的形状を持つと言い、2次元空間は無限なので端は存在しない。[1]平らな紙の上ではなく、3次元空間で任意の向きの三角形を作る場合でも、慣例的に「平坦」という言葉を使う。

　次に球状の殻を考えてみよう。これは、有限で閉じた正の曲率を持つ空間の例である。アリは北極から赤道まで行き、赤道を円周の4分の1だけ回り、北極に戻る三角形の道を歩くことができる。ここでアリは、内角の和が180°よりも大きいことを見つけるだろう。この特定の経路では、和

1　メビウスの帯は、無限ではない「平坦な」幾何学の一例であり、「非自明なトポロジー」を持つと言われる。トポロジー（位相幾何学）とは、空間がどのようにつながっているかを表す学問で、例えばドーナッツは球とは異なるトポロジーを持つ。これは一方を他方に変形することができないからである。本書では、宇宙はトポロジーではなく、幾何学によって特徴付けられると仮定している。非自明なトポロジーの宇宙論からの予測は、CMBマップを使って検証することができる。今のところ、宇宙が非自明なトポロジーを持つとする強い証拠は見つかっていない。

は270°になる。三角形が大きければ大きいほど、内角の和も大きくなる。もしアリがこの閉じた空間でレーザービームを放てば、レーザービームは2次元では球の表面に沿うように制限されているので、戻って来てアリの背中に当たるだろう。

　馬の鞍は、開放的で負の曲率を持つ空間の例である。球殻の場合とは異なり、鞍の表面は平らな紙と同じようにどこまでも続く。アリが鞍の表面の三角形の外周を歩き、内角の和をとるならば、180°より小さいことが分かるだろう。革を利用可能なスペースと考え、鞍の表面を平らにしようとすると、重なりがたくさん残ってしまう。開いている負の曲率の空間は、広く取れば取るほど、利用可能なスペース、つまり革が多くなる空間である。

　このように、2次元の表面上の三角形の内角の和を測定して全体の幾何学的形状を知る方法は、4次元に湾曲した3次元空間でも同様に使うことができる。3次元空間の形状を知るには、大きな三角形の道を渡り、その角度の和を求めれば良い。局所的には、太陽、月、地球で三角形を作り、その内角を測ることで可能ではあるが、最も良い方法は、非常に大きな三角形を作ることだ。CMBは、これを宇宙規模で実現する方法を提供してくれる。

　高校の幾何の授業で、三角形のすべての角度を決定するためには、3つの値が必要であると学んだことを思い出してほしい。例えば、2辺の長さとひとつの角だ。CMBの高温のスポットと低温のスポットは、この三角形の1辺を成す。実際には、すべてのスポットサイズを平均化するのではあるが。前の章で説明したように、高温や低温のスポットの物理的な大きさの平均は、例えば光年単位で高精度に求められる。ゆらぎのマップを使えば、図3.3やプレート8a、8bで示したように、平均的な角度の大きさを高精度で測定することができる。ホットスポットを遠い1辺とする三角形を完全に特定するためには、もう一つ情報が必要である。分かりづらいかもしれないが、それがハッブル定数だ。ホットスポットの物理的な大きさ

とホットスポットまでの距離を結びつけるものだからである。こうして内角の和を計算すると、180°という結果になる。つまり、測定精度の限界まで考えても、宇宙の幾何学的形状は「平坦」になっている。

　簡単な計算で、こうした要素がどのように組み合わされているかを感じることができる。3.2節で、宇宙の晴れ上がり時のホットスポットの直径は約90万光年と計算した。その後、宇宙は1,100倍に膨張したので、現在では9億9,000万光年の大きさになっている。プランク衛星とWMAP衛星によって、その角度の大きさが約1.2°と測定されている（3.3節）。このことから、晴れ上がり面までの距離を計算すると、約460億光年となり、これが観測可能な宇宙の半径となる[2]。もし、宇宙が閉じていたらスポットの角サイズはより大きく測定され、宇宙が開いていたらもっと小さく測られていただろう。すべてはつながっている！

　要約すると、宇宙の幾何学は、私たちが高校で習った幾何学と同じようなもので、考え得る最も単純なものなのだ。アインシュタインやライマンの名前を聞いたことがなくても、想像できる類のものである。さらに重要なことは、この幾何学的形状は測定によって決定されており、宇宙の違った種類の観測でも確認することができることである。

4.2　構造形成のタネ

　宇宙のごくごく初期の姿は、まだよく分かっていない。なぜなら、重力と素粒子物理学の標準モデルを組み合わせた基礎理論がまだ存在しないからだ。その代わりに、私たちが知っている物理学に深く根ざしており、観

2　平面幾何学では、物体の角度の大きさと円周である360°の比は、例えば光年単位の物体の物理的な大きさと円の円周の物理的な長さの比と同じになる。即ちホットスポットの場合、$1.2°/360° = （ホットスポットの大きさ）/(2\pi r)$（$r$：宇宙の半径）である。このような計算をすると、$r$は472億光年という値になる。より正確な数字を使えば、460億光年との一致はもっと良くなる。

測結果を説明できる「有効的な理論」やパラダイムがある。その中で最も
よく知られているのが「インフレーション」である。ここではその一端に
触れてみるが、これはまだ活発に議論されている確証の得られていない研
究分野であることを忘れないでほしい。

　インフレーションモデルが考案される以前の、大きな謎のひとつに「な
ぜ、反対方向の 2 つの領域の宇宙の性質が似ているのか？」というものが
あった。具体的には、天の北極と天の南極の反対方向で、CMB がいかに
して同じ温度になるかを考えてみよう。これまで考えてきた描像によれ
ば、観測可能な宇宙の両側からの光が、ちょうど今、私たちに届いている
ところだ。どのような情報も光より速く伝わることはないので、天の北極
方向からの放射が私たちを通過して、天の南極方向で見られるものに影響
を与えることはあり得ず、その逆もまたあり得ない。しかし、両者はほと
んど同じ温度の 2.725K であり、同じ性質を持っている。

　インフレーションモデルでは、粒子が存在しないごく初期の宇宙の空間
は、膨大なエネルギー密度を有していたと考えている。このエネルギー密
度に伴う圧力は、想像を絶するほど速く、指数関数的に空間を拡大、つま
り膨張させる。このプロセスの最初に、例えばアリスとボブと呼ばれる 2
つの領域があり、互いに隣接して情報を共有していたとしよう。インフレ
ーションの最中に、アリスとボブの間の空間は非常に急速に作られ、もは
や互いに連絡することができなくなる。見かけ上の分離速度は光速より速
くなるだろう。彼らは、その後お互いに影響を与えあう距離を超え、おそ
らくその何倍も超えて離れ離れになるのだ。

　インフレーションは、およそ 10 億分の 1 秒のさらに 10 億分の 1 の 10
億分の 1 の 10 億分の 1 （10^{-36} 秒）という非常に短い時間で起こった。イ
ンフレーションが終わると、宇宙は穏やかな膨張のペースに落ち着く。時
間が経つにつれて、私たちはより遠くを見ることができるようになるの
で、観測可能な宇宙は徐々に大きくなっていく。例えばアリスが北極方
向、ボブが南極方向にいるとすると、ある時、アリスとボブは、互いに見

えるようになる。これで、宇宙の反対側がなぜ同じように見えるのか、そのメカニズムがわかってきただろう。この2つの方向は、非常に早い時期に互いに連絡が取れていたのだが、インフレーションの時代に大きく分離し、そして今、私たちの観測可能な宇宙に入ってきたのだ。また、私たちの目の届かない時期に、なぜ別々に進化しないのかを説明するメカニズムも必要だが、これもモデルの一部となっている。

インフレーションには多くのバリエーションがあるが、最も単純なモデルでも、CMBにとって重要な2つの特徴がある。1つ目は、宇宙が少なくとも10,000分の1のレベルで幾何学的に平らであることだ。これは、1メートルの棒が100ミクロン単位で真っ直ぐか一端が少し反り返っているかを判断するようなものである。インフレーションモデルは、観測が行われる前に提唱されていたが、宇宙が平坦な形状をしていることがデータで示されると、大いに信用されるようになった。つまり、初期の形状が例えば正曲率であったとしても、インフレーションによって大きく膨張し、事実上平坦になったという考え方である。これは2次元で容易にイメージすることができる。地球のような球体の表面にいると、表面が曲がっていることが分かる。しかし、半径が1億倍の更に何億倍も大きければ、自分が球体の上にいるかどうかわからなくなってしまうはずだ。測定の限界まで宇宙は幾何学に平坦だが、ほんのわずかに正または負に曲がっている可能性を排除することはできない。

第二の特徴は、インフレーションに宇宙構造形成の「種」を生成するメカニズムが組み込まれていることだ。その種とは、原始エネルギー密度に存在する量子ゆらぎである。量子ゆらぎとは何だろうか？　それは、素粒子サイズのエネルギーの局所的な微小なゆらぎと考えればよい。定量的には、ハイゼンベルグの不確定性原理で理解される。例えば、研究室で可能な限り強力な真空ポンプを使って最高の真空状態を作り出し、容器の中からすべての原子を取り除いたとしよう。実際には不可能なことだが、想像することはできるはずだ。それでも、容器の中では素粒子レベルのいわゆ

る仮想粒子が、そのエネルギーに反比例する時間の長さで絶えず生まれ
ては消えている。真空は絶えず変化しているのだ。これは少し突飛な話に
聞こえるかもしれないが、原子を容器に戻した後でも、変化する真空が原
子に与える影響は、高い精度で計算・測定することができる。量子ゆらぎ
は、実験室レベルで確立された現象なのだ。

　この原始エネルギー密度の量子的なゆらぎが、空間のインフレーション
によって宇宙規模に引き伸ばされたというモデルで、原初の場のゆらぎ
が、CMB の高温部と低温部を生み出した重力のランドスケープとなって
いるのだ。つまり、CMB を見ることは、量子過程を目の当たりにしてい
ることになる。高温部と低温部のランダムな空間分布は、量子的な起源が
もたらしたものである。通常、量子過程というと、原子や素粒子のスケー
ルでの出来事をイメージする。これは依然として正しいのだが、インフレ
ーションによって空間が大きく広がると、量子的なスケールが宇宙スケー
ルになるという、驚くべき概念なのだ。

　インフレーションにおける膨張は、先に述べた宇宙定数の場合と似た性
質を持っているが、インフレーションでは圧力が圧倒的に大きい。おそら
く、両者のプロセスの起源が関係しているのだろうが、詳しいことはわか
らない。もちろんインフレーションが正しいパラダイムでない可能性もあ
る。宇宙は膨張のサイクルを繰り返しており、私たちはそのサイクルの 1
つにいるに過ぎないのかもしれない。しかし、その場合でも、CMB の異
方性の起源は、量子ゆらぎに行き着くことになる。

　プレート 7 にある CMB 異方性のマップをもう一度見てみよう。今、私
たちは新しい視点でそれらを見ることができるはずだ。これらのマップ
は、量子的なプロセスが空全体に大きく描かれていることになる。まる
で、宇宙の進化が顕微鏡のように作用して、私たちの量子の起源を見せて
くれているようだ。

4.3　すべてを統合する

　CMBを解読することは、宇宙を理解するためのひとつのガイドにはなるが、宇宙を研究する道はほかにも多くある。宇宙論は幅広い分野なのだ。一般相対性理論から熱力学、素粒子論に至るまで、あらゆる物理学が使われている。観測は可能なほぼすべての波長領域で行われており、最先端の粒子検出器も用いられている。観測は宇宙の近傍から遠くまで及んでいる。これらの証拠と理論のすべてが、驚くほど単純な標準モデルに包含されている。この標準モデルを要約する前に、これまであまり詳しく述べてこなかった2つの主要なフロンティアについて触れておこう。

　昔ながらの宇宙論の研究手法は、銀河の観測を通したものだった。これまで示してきたように、ハッブルやルメールが宇宙が膨張していることを指摘したのも、この方法である。ハッブル宇宙望遠鏡のように、ある方向を深く、高い解像度で見ることができる望遠鏡に加え、空の3分の1以上にわたって何百万もの銀河の特性を観測している望遠鏡もある。最もよく知られているのは、スローン・デジタル・スカイ・サーベイ（Sloan Digital Sky Survey）だろう。これと関連する取り組みによって、観測可能な宇宙の多くの領域における、銀河の3次元的な分布が得られている。つまり、銀河がどのように集まっているのかが見て取れる。また、間にある銀河による曲がった空間のせいで、遠くの銀河からの光が曲げられている様子も良くわかる。大きく空間を取って平均化すると、銀河のかたまりには、プレート8aのCMBの高温領域や低温領域の平均的な大きさに対応する、特徴的なサイズがあることもわかる。銀河に対するこの特別なスポットサイズは、"バリオン音響振動スケール"と呼ばれる。CMBの高温領域や低温領域を作り出した物理過程の特徴が、銀河の分布にも反映されていることを強調しておきたい。

　銀河やCMBの観測とは全く別に、宇宙論研究者は「ビッグバン元素合成」と呼ばれる研究で、宇宙の最初の3分間の核物理でも成果を上げてい

る。計算の入力は CMB 温度と実験室で測定された核反応速度で、出力は最も軽い元素である水素、重水素、ヘリウム、リチウム、ベリリウムの存在量である。最初にできた原子核は、重水素の原子核である重陽子で、陽子 1 個と中性子 1 個からなる単純なものだ。およそ 100 秒より前は、重水素が作られようとしても、10 億 K を超える高エネルギー光子によって分裂させられていた。100 秒を過ぎると、宇宙は（膨張して）十分に冷却され、陽子と中性子を結合する力が、これを引き裂こうとする光子との衝突に打ち勝つようになる。こうして重陽子はそのまま生き残る。その後のおよそ 100 秒の間に、重水素は一連の核反応によってヘリウムに変換された。そして 1000 秒後までには、他の軽い原子核も作られていった。この過程は、中性子と陽子を結びつける力、宇宙の膨張によってエネルギーを失っていく光子、そして中性子の崩壊時間（約 10 分）の間の競合によるものである。

　元素合成の計算で主に予測できるのは、宇宙全体の原子の割合である。上記から想像されるように、光子のエネルギーと作られる原子核の数には密接な関係がある。予測された原子の存在量が観測結果と一致するためには、陽子 1 個あたり約 20 億個の光子があったはずなのだ。これらの光子は、もちろん CMB である。

　この計算から、宇宙には主に水素（質量比 75%）とヘリウム（質量比 25%）の原子が存在し、他の元素は微量との結果（予測）が得られる。この存在比は宇宙的なスケールで観測されるだけでなく、太陽でも同じ比率になっている。ベリリウムより重い元素は宇宙初期には作られなかったことも計算からわかった。一般に、宇宙での軽元素の観測結果は、CMB から推測される存在量と一致しているが、リチウムだけは例外で、予測よりも少ない量しか見つかっていない。初期の星がリチウムを消費した可能性は高いのだが、予想と測定値の不一致は、私たちが見逃している計算やモデルの要素の存在を教えてくれているのかもしれない。

　ここで、宇宙論モデルの6つのパラメータ[3]をまとめたいと思う。これらの値は、図3.3の灰色の曲線を、CMBのデータにフィッティングした結果である。銀河の分布などの追加データをCMBと組み合わせても、この値はあまり変化しないが、不確かさは改善される。パラメータを表す特有な記号は、科学文献でよく見られるものを使うことにする。

　その基礎として、このモデルでは、宇宙が幾何学的に平坦であることを要求している。先ほど（4.1節）、CMBとハッブル定数の測定値を用いれば、幾何学的に平坦であることを証明できることを示した。実際に計算してみると、確かに平坦性は一致する。しかし、ここでは、幾何学的な平坦さを仮定して、ハッブル定数を求めてみよう。これにより、CMBから導かれるハッブル定数、つまり初期宇宙からのハッブル定数と、銀河の後退の距離から直接求められるハッブル定数を比較することができる。結果、非常に良い一致を示しているが、完全ではない。これもまた、見逃しているモデルの要素が何かあるのかもしれないし、測定値が系統的な誤差を含んでいることを示唆しているのかもしれない。まだ最終的な結論は出ていない。しかし、幸いなことに、宇宙の幾何学的構造を調べる方法は他にもあり、測定限界まで平坦であることは確かなようだ。

　最初の3つのパラメータは、宇宙の中身について教えてくれる。これらは、先に説明した典型的なグラフの構成要素のように、全体に対する割合として規定される。

1．原子は宇宙の約5%を占めている。図3.3のCMB異方性スペクトルにおいて、第1ピークと第2ピークの高さの比は、初期宇宙における原子核の密度（バリオン密度）の目安になる。このことは自明ではなく、図中の曲線の計算方法がわかって初めて理解できる。CMB異方性からの値は、ビッグバン元素合成からの値と一致する。私たちを形

3　CMBの温度2.725Kをパラメータに加えるべきで、計7個と主張する人もいる。

作る素材（物質）が、宇宙の正味のエネルギー密度のわずか5％を占めているという事実は、宇宙における私たちの位置づけについて新しい視点を与えてくれる。この割合をギリシャ文字のΩ（オメガ）で表し、$\Omega_{atoms} = 0.05$ とする。

2．ダークマターは宇宙の25％を占める。CMB異方性スペクトルでは、第1ピークと第3ピークの高さの比からダークマターの密度を知ることができる。これも自明ではなく、図3.3の灰色の曲線の計算方法がわかって初めて理解できたことである。注目すべきは、CMBの異方性から得られるダークマターの量は、2.2節で述べた星や銀河の運動の観測から推定される値と一致するが、CMBからの値の方がはるかに緻密に決められる。また、CMBは晴れ上がり時点のものなので、3番目のピークは宇宙初期に既にダークマターが存在していたことを物語っている[4]。つまり、実験室では検出されたことのない未知の基本粒子がビッグバンから自然界に存在しているはずなのだ。宇宙の中でダークマターが占める割合を、$\Omega_{DM} = 0.25$ と表す。すると、私たちを形作る素材（物質）は、宇宙の全質量の6分の1（$5/(25+5) = 1/6$）を占めていることになる。

3．宇宙定数は宇宙の70％を占めている。それが何ものであるかはわからないが、宇宙の加速膨張からその存在は測定可能である。CMBでは、図3.3の最初のピークの位置から決定される。超新星の観測による値は、CMBからの値と一致しており、$\Omega_\Lambda = 0.70$ と表す。

もちろん、CMB放射そのものやニュートリノの質量分など、他の構成要素も存在している。それらがあることは分かっているが、現在の精度では、全体の分量の中に含めねばならないほど重要ではない。

4つ目のパラメータは、最も宇宙物理学的なものである。これは、宇宙

4　宇宙全体の密度に占める物質の割合は時間とともに変化するが、原子とダークマターの比率は宇宙の晴れ上がりの前から固定されていた。

で最初の星の形成とそれに続く爆発、そして最初の銀河の形成という複雑なプロセス全体に関する、私たちの知識の不足を補うものだ。初期の星や銀河からの強い光は、水素原子を陽子と電子に分離し、宇宙を再電離させた。いつか間違いなく解明されるであろうこの多彩なプロセスを説明するために、現在の精度では1つのパラメータで十分である。

4．再電離の過程で、CMB光子の約5〜8%が再散乱された。晴れ上がりの際に使われる例えで言うと、また霧がうっすらと立ち込めた感じだ。遠くの海岸を見ることはできるが、視界は完全ではない。散乱は「τ」で表され「光学的深さ」と呼ばれる。私たちは$\tau = 0.05\sim0.08$としている。しかし、τは温度の異方性だけでは決定できない。これまで扱ってこなかったCMBの偏光を測定する必要がある。偏光は、波の性質を特徴づける3つの性質、強度、波長、偏光のうちの1つであり、光の波が振動している方向を特定するものだ。例えば、車のボンネットに反射した光は、水平偏光している。つまり、光の波が水平方向に往復振動している。偏光サングラスは、この振動方向とそれに伴うギラつきを抑える。同様に、再電離で自由になった電子は、CMBを散乱、偏光させるのだ。もし偏光サングラスでCMBが見られたら、少し違って見えるだろう。図3.3では、再電離によって全体的にスペクトルが抑制され、大きな角度スケール側でより抑えられる。光学的深さは、宇宙論的パラメータの中で最もよく分かっていない。

　次の2つのパラメータは、宇宙のあらゆる構造を生み出したゆらぎの「種」を特徴づけるものである。これらの基礎となる概念は本書の範囲外であるが、念のため触れておこう。これらのタネは、CMB異方性スペクトルと、1.1節で議論した直径2,500万光年の球体における全物質のゆらぎにつながっている。この「原始密度ゆらぎ」は、「原始パワースペクトル」として記述される。これは、CMB異方性のパワースペクトル（図3.3）と

似た性質を持っているが、晴れ上がり面のゆらぎではなく、3 次元空間内
での密度ゆらぎを表している。現在の宇宙を見渡すと、密度の三次元的な
ゆらぎは大きなものになっている。ある場所には銀河が、ある場所には銀
河団が存在するが、別の場所にはほとんど何も存在していない。しかし、
識別可能な天体が存在する以前は、密度のゆらぎはもっと小さかった。先
に説明したように、宇宙の晴れ上がり時のコントラストは 10 万分の 1 で
あった。宇宙膨張の始まりの頃の密度ゆらぎを定量化するために、原始パ
ワースペクトルを使うことになる。

5．原始パワースペクトルの振幅は、手ごわそうな記号 Δ_R^2 で表される。
もし、量子ゆらぎから始まって、例えば、直径 2,500 万光年の球体に
おける物質のゆらぎを予測できるような宇宙の完全なモデルがあれ
ば、Δ_R^2 を他の物理学と関連づけることができ、その値もわかるだろ
う。残念ながら、非常にうまくいった枠組みはあるものの、まだすべ
ての関連性がわかっていないため、パラメータとして必要なのだ。

6．最後のパラメータは「スカラースペクトル指数」（n_s）と呼ばれ、
理解するのが最も難しいものだが、宇宙の誕生を覗くための最良の窓
でもある。Δ_R^2 と同様、このパラメータは原始密度ゆらぎについて教
えてくれる。Δ_R^2 が全体の振幅を示すのとは対照的に、原始密度ゆら
ぎが角度スケールにどのように依存するかを示している。このことを
理解するために、図 3.3 を説明するときに使った音楽の例えを思い出
してみよう。図 3.3 のスペクトルの山や谷は多くのことを教えてくれ
るが、いったん脇に置いて、このプロットが「ホワイトノイズ」であ
ると想像してみよう。この場合、データ点は水平線に沿って平坦に並
ぶ。すべての周波数（すべての角度スケール）は同じ音の大きさ（また
は y 軸方向の変化量）を持つことになる。n_s というパラメータを使う
と、「ホワイトノイズ」と、低音が高音よりもやや大きい「ピンクノ

イズ」を区別することができる[5]。CMBを用いると、原始ゆらぎ、つまり「種」は、大きな角度スケールでは小さな角度スケールよりもわずかに大きな振幅を持つことがわかる。つまり、原初の宇宙雑音はわずかにピンク色をしている。

宇宙構造の形成過程が研究され始めた当初、一般的にスカラースペクトル指数は1、つまり $n_s = 1$ であるとされていた。これは、その著者の名前をとって、ハリソン–ピーブルス–ゼルドビッチスペクトルと呼ばれており、ホワイトノイズに相当する。その後、1980年代前半に、ヴィアチェスラフ・ムハノフとゲンナジー・チビソフによって、宇宙が誕生する際に量子原理を導入することによって、この量が計算可能とわかった。現在では、この指数が1から約5%ずれている、つまり $n_s = 0.95$ でほんのわずかに「ピンク色」に相当することが分かっている。これは、宇宙が非常にコンパクトでエネルギーが高く、既知の粒子がまだ存在しなかった時代に、宇宙のすべての構造が量子プロセスによって生じたことを示す証拠ともなる。

この6つのパラメータを使えば、CMBのスペクトル（図3.3の灰色の線）だけでなく、あらゆる宇宙論的測定の特性やスペクトルも計算することができる。宇宙の年齢も計算できる。最も制約を課す観測はCMBの異方性だが、このモデルはすべての観測と整合している。つまり、銀河のサーベイや星の爆発、軽元素の存在量、銀河の後退速度、CMBなど、どのように宇宙を見ても、上記の6つのパラメータとこれまでの章で説明した物理過程があれば、観測されたものを説明できる。

1970年、アラン・サンデージは『フィジクス・トゥデイ』に「宇宙論：

5　この例えは合理的なものではあるが、実際には n_s は3次元の原始密度ゆらぎのパワースペクトルには使われるが、CMB異方性を特徴づける2次元のパワースペクトルには使われない。また、ある音程の音量をいつ決めるかを指定する、我々の範囲を超えた微妙な慣例がある。最後に、専門家のために言っておくと、この「ホワイトノイズ」という言葉は、定数 C_ℓ とは対照的に、プロットされたCMBパワースペクトルを指している。

２つの数値を求めて」と題する記事を書いている。今では６つの数字が必要だと分かっているが、この６つの数字によって、サンデージが考えていた以上のことを説明することができる。これほどまでにシンプルかつ定量的に説明できるということは、何を意味しているのだろうか。それは、第１章から第３章までと、さらに説明してきた個々のピースが、どのように組み合わされて全体を形成しているかを我々が理解していること意味している。私たちは、自然界のある深いつながりを理解しているのだ。つまり、もし間違いを正されるとしたら、それは異なる議論によってではなく、自然のより多くの側面を記述できるより優れた定量的なモデルによってである。科学者の研究対象の中で、これほど単純で、完全かつ高い精度で記述できる体系はほとんどない。幸運なことに、観測可能な私たちの宇宙はその一つなのだ。

第5章
宇宙論のフロンティア

　宇宙論の標準モデルは非常に成功しており、現在ではそこから新展開を探すための基盤となっている。例えば、CMBをより正確に測定することで、ニュートリノの全質量がわかるかもしれないし、宇宙誕生時の重力波の名残り（現在宇宙に存在している）を見つけられるかもしれない。また、宇宙定数が一定でないことや、一般相対性理論を修正する必要があることがわかるかもしれない。宇宙は幾何学的に平坦ではないのかもしれないし、ゆらぎは、現在測定されているものとはわずかに違った形やスペクトルをしているのかもしれない。もしかしたら、宇宙初期に存在した新しい粒子がその姿を明らかにするかもしれない。これらを見極めるためには、より正確なデータが必要なのだ。ニュートリノ質量、重力波、構造形成からの基礎物理学、銀河団の発見、CMBの温度スペクトルの微妙な変化の探索という、特に期待の持てる5つのフロンティア領域に触れる前に、CMBのレンズ効果という新しい観測技術を紹介しておこう。
　弾丸銀河団の画像（プレート6）には、ダークマターと通常の物質の違

いがはっきりと示されている。ダークマターの分布は、弾丸銀河団による遠くの銀河の重力レンズ像を解析して求められた。銀河団がレンズの役割を果たすのだ。これをもう一段階進めることができる。弾丸銀河団は、遠くの銀河だけでなく、CMBを含むその背後にあるすべてのものに対してもレンズとなっている。もし、弾丸銀河団のすぐ近くでCMBを高精度で測定できたら、それが歪んでいることがわかるだろう。CMBをバックライトとして使うひとつの利点は、CMBは距離が正確にわかっている面から来るので、レンズ効果の計算が正確にできることだろう。弾丸銀河団は結構重いので際立っているが、私たちと宇宙の晴れ上がり面の間の質量集中したすべての場所は、レンズのように作用しているはずである。どこを見ても、CMBはレンズ効果を受けている。その効果は小さいが、現在の高感度な観測装置では、難なく確認可能である。

　もし、どこを見てもレンズ効果を受けているのであれば、どのようにして影響を受けていないCMBの異方性をレンズがかかったものと区別することができるのだろうか？　レンズ効果はCMBに独特の効果を与えており、そのゆがみは特殊で計算可能である。もし、あなたが少しざらついたガラスを通して世界を見ていて、そのざらつき具合の特徴を知っていたら、見ているものへのその効果を理解することができるだろう。宇宙論では、このガラスの質感と類似のものが、宇宙の晴れ上がり面との間の物質の分布であり、見ている世界がCMBなのだ。

　ここには、美しく深い関係がある。私たちのモデルは、原始ゆらぎのパワースペクトルがCMBの異方性を生み出し、晴れ上がり面より内側の観測可能な宇宙の体積全体に物質のゆらぎをもたらしたと仮定している。もしこれが正しい描像であれば、パズルのすべてのピースがわかっているので、CMBのレンズ効果を高い精度で計算できるはずである。実際、CMBのレンズ効果は予測と一致している。この予測は観測が行われるよりも随分以前になされたものなので、標準モデルに対する信頼感を高めている。レンズ効果の測定には、もう一つの利点がある。弾丸銀河団によるレンズ

効果で質量がどこに分布しているかがわかるのと同じように、CMBのレンズ効果で、宇宙全体のダークマターの分布を全天に2次元で投影することができるのだ。この質量分布のマップは、すでに作られている。今後もCMBのレンズ効果から、さらに多くのことを学ぶことが出来るだろう。この観測技術は、私たちが現在取り組んでいる4つのフロンティア分野を追求する上で、大きな役割を果たすだろう。

5.1　ニュートリノ

　本書ですでに何度かニュートリノについては触れてきた。最近までニュートリノは質量がないと考えられてきたが、現在では電子の質量の千万分の1から百万分の1の間と分かってきている。1cm^{3}あたり約300個と非常に多く存在するため、宇宙構造の成長にも影響を及ぼしている。CMBに影響を与える方法はいくつかあるが、最も顕著なものの1つはレンズ効果を通したものである。

　もしニュートリノが可能な質量範囲の中で軽い方にあれば、それらは光子のように振る舞い、物質の分布に影響を与えることなく宇宙を横切っていく。もしニュートリノが重い側であれば、それでもかなり速く移動するので、高密度の領域から低密度の領域へと質量を移動させて、物質分布のかたより度合いをならすだろう。ニュートリノの質量が大きければ大きいほど、コントラストはより減少する。物質のゆらぎがレンズ効果を生み出しているので、かたより具合がCMBのレンズ効果に影響する。したがって、ニュートリノの質量が大きければ大きいほど、レンズ効果は小さく観測される。

　CMBのレンズ効果の測定は、この影響を見るにはまだ感度が十分ではないが、もうすぐそうなるだろう。しかし、ニュートリノ本来の特性に関しては、実験室での測定ほど有益ではない。主にCMBから学ぶことは、

物質の分布に対するニュートリノの重力的な効果となる。CMBの観測では、ニュートリノのタイプの違いや他の基本的な性質を区別することはできない。それでも、この最も捉えどころのない粒子の基本的性質の1つ（質量）を、CMBの重力レンズ効果によって決定することができたら、それは驚くべきことだ。私たちはニュートリノについてほとんど何も知らないので、発見することがらによっては驚きを伴うことになるだろう。

　以前に、ニュートリノは私たちが理解しているところでは、ダークマターになり得ないと述べた。今や、その理由が理解できるだろう。もしニュートリノが我々が考えるように作用すれば、より密度の高い領域から流れ出て、宇宙構造の形成を抑制することになるからだ。銀河の分布を見れば、このことはわかるはずだが、まだ見えていない。将来の銀河のサーベイ観測では、感度が非常に高くなるはずなので、ニュートリノが宇宙構造に与える影響が見えるようになるだろう。ニュートリノのCMBに対する効果と可視光の分布（銀河分布）に対する効果を比較する機会となり、宇宙が実験室となりつつある多くの事例の1つとなるだろう。多くの観測が絡み合っているが、個々の測定から得られる推論を他の測定から得られる推論と比較することができるはずだ。

　質量に加えて、ニュートリノの世代（ファミリー）の数にも、CMBを用いて実験室での測定とは独立に、すでに制約を与え始めている。より良い測定はより強い制約につながるだろう。私たちは、核反応でまだ見たことのない新しい種類のニュートリノや関連粒子を発見できるかもしれない。

5.2　重力波

　標準モデルの多くのバリエーションでは、初期宇宙で重力波の背景放射が発生する。重力波は量子ゆらぎの一形態であり、空間と時間の歪みが、光速で宇宙を伝播する。もし重力波が100cm×100cmの板に向けられた

とすると、半周期で横が縮み、縦が伸びる。その半周期後には縦が縮み、横が広がる。高さの変化が1cmであれば、歪みは100分の1、つまり1%ということになる。地上にあるLIGO（レーザー干渉計重力波観測装置）の検出器は、約12億光年の距離にある2つのブラックホールが螺旋状に回転して合体した際の重力波を検出した。測定されたひずみは、10^{21}分の1（小数点の後ろに0が20個続く）であった。これは、4.3光年先にある最も近い恒星、プロキシマ・ケンタウリとの距離の変化を、髪の毛1本分の精度で検出したことに相当する。驚異的な精密測定である。

　ビッグバンでも「定在波」として同じような重力波が発生すると考えられているが、その波長は観測可能な宇宙の大きさのおよそ1%から100%の大きさになる。波長が非常に大きいので、波によって生じる歪みは、私たちには止まっているように見えるだろう。現在提唱されているいくつかのモデルでは、その歪みの大きさは10万分の1程度になると予測されている。それでも、LIGOが検出したものよりもはるかに大きな歪みである。これは、人間の身長から髪の毛の太さ分の変化を測るのに相当する。

　空間を伸縮させることで、重力波はCMBを微妙に変化させるが、その効果は非常に小さく、原始パワースペクトルによって生み出された異方性と区別がつかないほどだ。しかし、重力波はCMBの偏光に特徴的な影響を与える。偏光の向きを一連の短い棒で表すとすると、原始重力波は、CMBに「原始Bモード」と呼ばれるかすかな渦巻き状のパターンを刻印する。爪楊枝を箱ごと黒い広い床に散らして、ハシゴの上から見たとしてみよう。このとき、楊枝が重ならないように勢いよく投げると良い。爪楊枝の向きが、背景の空に対するCMBの偏光の方向を表しているとしよう。そして、ハシゴの上からその写真を撮ってみる。このパターンはランダムに見える。次に、同じ爪楊枝のパターンを巨大な鏡に写し、2枚目の写真を撮る。最後に、直接写した写真と鏡に映した写真を並べて、引き算をしてみる。1枚目の写真で、引き算によって消える部分を「Eモード」、残る部分を「Bモード」と呼ぶ。標準モデルでは、CMBの偏光はほぼ純粋

にEモードであり、鏡に映しても同じに見える。今のところ、原始Bモードの痕跡は見つかっていない[1]。

原始Bモードが検出されれば、非常にエキサイティングなことになるだろう。初期宇宙の量子的な領域と重力との間に、新たな深いつながりが見いだされることになるからだ。また、物理学の基礎理論に対する、地球上の実験室では達成できない、はるかに高いエネルギーまで外挿された、新しいテストともなるだろう。もしインフレーションが初期宇宙の正しいモデルであるならば、重力波の検出はまもなく達成される。実際、インフレーションのオリジナル版が正しければ、もう見えているはずなのだ。検出されれば、周期的宇宙論モデルにも強い影響を与えるだろう。周期的モデルでは、CMBで測定できるような原始Bモードは現在の理解では作り出せない。もし検出されれば、周期的モデルは除外されることになるだろう。

測定がいかに進歩してきたかを如実に物語るのが、CMBでのBモード偏光の検出である。しかし、これは原始重力波によるものではない。Eモード偏光の重力レンズ効果による結果なのだ！ 異方性を歪めるのと同じレンズ効果が、CMBの偏光をも変化させるのだ。異方性のレンズ効果と同様に、Eモードのレンズ効果も予測されたレベルに見いだされ、これらは私たち宇宙のモデルが正しいことをさらに確信させてくれる。

5.3 構造形成と基礎物理学

宇宙の構成要素を割り出すことは、一つの大事なことである。しかし、これらの要素が何十億年もかけてどのように組み合わされながら働き、私たちが今日観測している宇宙が作り出されてきたのかを理解することは、

---

1 原始重力波はEモードとBモードを等しく発生させるが、Eモードは、Bモードほどには CMBの他の部分との区別がつかない。

また別のことだ。このように、長い年月をかけて質量がどのように集積していくかを注意深く測定することで、宇宙定数が本当に時間に対して定数であるかどうかを検証することができる。

　この課題に取り組む1つの方法は、銀河サーベイとCMBを組み合わせることだ。宇宙と地上の両方で多くのサーベイ（掃天観測）が行われており、今後10年ほどの間に、銀河とその特徴に関する大規模な概観が得られていくだろう。地上観測の最大級のものは、大型シノプティック・サーベイ望遠鏡^{訳者注7}。この望遠鏡では、全天のほぼ半分にわたる、100億個以上の銀河の観測が期待されている。同じ領域で、より深い複数のCMBサーベイが地上から行われるだろう。銀河サーベイとCMBの両方から得られる重力レンズの観測を比較することは、特に興味深いものになるだろう。この他にも、データの組み合わせ方には様々な方法がある。その結果、精緻な宇宙の立体像の構築が大いに期待される。宇宙定数が不変であるとの仮定に、詳細なデータを組み合わせることで、時間に対する膨張率のわずかなずれを探ることができるだろう。

5.4　スニャエフ・ゼルドビッチ(SZ)効果と銀河団

　重力でつなぎとめられている最も大きな天体は、銀河団である。おとめ座銀河団、かみのけ座銀河団、あるいは先ほど見た弾丸銀河団など、数百から数千の銀河が集まってできた、個々に識別可能な系である。典型的な銀河団の大きさは600万光年程で、天の川銀河の約60倍の大きさがある。地図上の町や村が銀河なら、銀河団は大都市のようなものだ。銀河団の特徴のひとつは、星に束縛されていない高温のガスが大量に存在することだ。このガスは、弾丸銀河団の例で見たように、（高温のため）X線を放射している。

　ラシッド・スニャエフとヤコフ・ゼルドヴィッチは、1970年代に、銀

河団内の高温ガスがCMBに影響を与えることを指摘した。ガスは高温で電離しており、自由な陽子と電子で構成されている。宇宙の晴れ上がり面からのCMB光子が、高温の銀河団ガス中の自由電子と相互作用すると、散乱される。このとき、高温の電子が光子にエネルギーを与えることになる。これが、図2.1に示したCMBのスペクトルに変化を与える。具体的には波長1.5mm以上の部分が減少し、より短い波長の部分に付け加わったようになる。つまり、散乱はCMBのスペクトルを歪めているのだ。

　これによると、1.5mmより長い波長で空を観測すると、銀河団は2.725Kよりも冷たく見えることになる。この温度差は1,000分の1K程度なので、最近の検出器でも簡単に検出できる。CMBのこの特徴的な「SZ効果」を使って、これまでに1,000個以上の銀河団が見つかっており、近いうちにこの10倍近い数になるだろう。

　SZサインの特徴の一つは、散乱がいつ起こったかにほとんど依存しないことである。同じ温度の電子にとっては、宇宙がより小さかったときの方が、CMBはより熱いので、温度の落ち込みはより大きくなる。一方で、散乱された光子は宇宙の膨張によってCMBと同じように冷却されるので、正味のSZ効果の大きさは変わらない。SZ効果によって、私たちは遠くまで見渡すことができ、銀河団が形成された時代までさかのぼることができる。こうして観測可能な宇宙に存在する、ある方向のある質量の上限を超えているすべての銀河団を測定することができる。そして、時間変化する銀河団の数を調べ、構造形成が予言する値と比較することができる。銀河団は、宇宙定数を調べるためのもう一つの方法を与えてくれるのだ。

　この銀河団の観測は、異なるタイプの観測の重要性を示す例にもなっている。SZ効果だけでは、銀河団までの距離や質量はわからない。距離を知るには可視光や赤外線での観測が必要で、質量を知るにはさらに様々な方法がある。一番良いのは、弾丸銀河団で行ったように、重力レンズと可視光を使う方法だろう。近いうちに、距離と質量を網羅した大規模な銀河団のカタログができ、それが標準モデルの新しい要素を探すもう一つの手

法となるだろう。

5.5　温度スペクトル

　ある放射の放射源が黒体であれば、その温度さえ特定できれば、すべての波長での強度（即ちスペクトル）がわかることは先に述べたとおりだ。我々はCMBが測定限界に至るレベルまで、黒体であることを知っている（銀河団から離れたところでは！）。別の言い方をすれば、図2.1に示すようなプランク関数でCMBは表される。しかし、もし光源が黒体でなければ、実効的な温度は波長に依存する。これは、宇宙進化の過程で、ある粒子の崩壊などによって大きなエネルギーが注入された場合や、放射と粒子が平衡になる時間がないような状態で宇宙が進化した場合などのケースである。現在の測定限界の1/10以下で、温度スペクトルを変化させる既知のさまざまなプロセスが考えられる。それらは、第1世代の星の誕生に伴う宇宙の再電離や、全ての銀河群や銀河団によるSZ効果の相乗効果で生じるスペクトルの歪みなどだ。これらのシグナルは小さすぎて現在の測定方法では検出できないが、これらのシグナルや他の特徴を探索するための装置が設計されている。

5.6　まとめと結論

　ここで、これまで扱ってきた主要なテーマを整理しておこう。第1章では、宇宙の圧倒的な広さを実感しようとした。天の川銀河は、宇宙の広大さの中では塵の一片に過ぎない。しかし、その中には1,000億個もの星があり、そのほとんどに惑星が存在することを思い出してほしい。宇宙から見れば、地球は取るに足らない存在なのだ。この広大な宇宙を定量的に理

96

解するための出発点となるのが、アインシュタインの宇宙原理である。この原理を観測と組み合わせて、宇宙を直径2,500万光年の球体で平均化すると、どこにいてもだいたい同じように見えることがわかった。つまり、粗い目で見れば、宇宙は均質なのだ。

　そして、この広大な風景全体が広がっている（膨張している）ことも分かった。しかも、その膨張は加速しているのだ。繰り返すが、これは観測であって理論ではない。これが宇宙の現実なのだ。この観測結果のひとつの考え方が、空間そのものが膨張しており、それに乗っかって中身が動いているとするものだ。しかし、なぜ空間が膨張するのか、その理由はわかっていない。あくまで現象の説明に過ぎない。膨張を過去にさかのぼって外挿すると、有限の時間内、つまり138億年前に始まりがあったことがわかった。これは、すべての存在、すべての時間の始まりではないかもしれないが、私たちの観測可能な宇宙の始まりだ。光速が一定であることを知ると、宇宙を遠くまで見通せば見通すほど、時間を遡ることに気づかされる。望遠鏡はタイムマシンのようなものだ。

　第2章では、CMB、原子、ダークマター、宇宙定数（ダークエネルギー）など、主要な宇宙の構成要素を集計した。私たちは、もっと多くの構成要素があること知っている。例えば、ニュートリノがあるはずだが、観測結果を説明するためのモデルが必要としないほど、主要な構成要素ではない。原子（普通の物質）は、銀河の中にひときわ多く集まっており、まさに宇宙の道しるべとなっている。ダークマターの分布は、原子の分布よりも広がっているが、それでもやはりかたまりになっている。宇宙定数に伴うエネルギー密度は空間に充満しているが、測定した限りでは、かたまりになっていない。CMBも空間を満たしているが、そのエネルギー密度は、原子やダークマター、宇宙定数のエネルギー密度（ダークエネルギー）に比べれば微々たるものである。

　第3章では、どのようにCMBを測定し、異方性マップを利用可能な形に煮詰めていくかを説明し、第4章ではデータの解釈に目を向けた。本書

の冒頭に戻るが、宇宙について最も驚くべきことは、認識できる最大規模
のものが、パーセントレベルの精度で理解できるということだろう。つま
り、ビッグバンと呼ばれる熱い火の玉から、高温で高密度の宇宙が膨張し
ていった。原初の時空に内在していた量子ゆらぎは、初期の急激な膨張に
よって拡大し、宇宙のいたる所の重力のゆらぎへと発展した。CMBは、
ビッグバンから約40万年後のこのゆらぎの2次元（平面）的なスナップ
ショットである。宇宙の進化とともに、ダークマターと原子は重力の強弱
に呼応して、最後には宇宙のあらゆる構造を形作るようになった。当初は
重要でなかった宇宙定数（ダークエネルギー）は、現在では宇宙を加速膨
張に追いやり、いよいよ強い影響力を持つようになっている。

　人類が宇宙論の標準モデルに到達したことは、驚くべきことだ。私たち
宇宙論研究者は、宇宙に関する知識が爆発的に増加したここ数十年間に立
ち会えたことを幸運に思っている。この分野の研究者の多くは、宇宙の形
状も中身のことも、年齢さえも知らなかった頃を簡単に思い出せる。デー
タの精度が上がるにつれて、宇宙論的なモデルのほぼ全てが間違いである
ことが明らかになった。これまで強調してきたように、標準モデルの基礎
となるのは精密な測定である。宇宙論の劇的な進歩は、モデルと測定値を
比較できたことによってもたらされた。初期宇宙は単純であり、それを記
述する物理学もまた単純であることがわかってきた。そうである必要はな
かったのかもしれないが、自然は私たちに多くのことを学ばせてくれたの
だ。

　現在、私たちは強力で予言可能なモデルを手に入れたが、このような状
況にあってもまだ多くの未解決の問題が残されている。中には、「ダーク
マターの正体は？」「なぜ我々の宇宙は物質と反物質の組み合わせではな
く、物質が勝っているのだろう？」「宇宙の始まりの頃の物理過程はどの
ようなものだったろうか？」「真空のあり様を示す宇宙定数（ダークエネル
ギー）は、何ものなのか？」など、より良い測定やより深い理論によって
取り組めるものもある。私たちが知る限りでは、特に必要なものはないは

ずだ。「空間が膨張する」と言うが、空間が何であるか、実はよく分かっていない。手がかりは身近にあるはずだが、それを正しく考えられていないのだろう。一方で私たちが確実には答えることができない疑問——宇宙は複数あるのだろうか？　私たちは終わることのない時間のサイクルの中の１つにいるのだろうか？——も存在している。

　宇宙は、太古の昔から人類の想像力をかき立ててきた。最近の進歩は目覚しいものがあるが、理論・実験の両面の最前線でより深い知識を得るための探求が続いている。宇宙を観測する中で、新しい発見をしたり、標準モデルの要素に新たな光を当てる必要性が見えてきたりすることほど、わくわくすることはない。CMBから学ぶべきことはまだまだたくさん残されており、これからもずっとCMBを測定し続けることになるのだろう。

付録

A.1　電磁波のスペクトル

　図 A.1 は、広い波長範囲にわたる電磁波のスペクトルを示している。X
軸の単位は、本文に合わせて、左側がセンチメートル（cm）、右側がミク
ロン（μm）で表されており、0.1cm = 1mm = 1,000μm。波長は右に行くほ
ど小さくなり、光子のエネルギーは左から右に行くほど大きくなることに
注意。

　一般に使われていないが、テレビのチャンネル 83 の電波の波長は 34cm
である。電子レンジは 12.2cm の波が使われている。これらは、エネルギ
ーのほとんどが 1 つの波長に集中しているため、線として表示されてい
る。宇宙マイクロ波背景放射（CMB）は、0.1cm 付近にピークを持ち広い
波長範囲に渡ってエネルギーを放射する黒体放射体である。図 2.1 に示し
たのと同じスペクトルだが、この図はより広い範囲に渡っている。CMB
の隣の縦線は、プレート 3 の DIRBE での画像の波長。「天の川」と書か

100

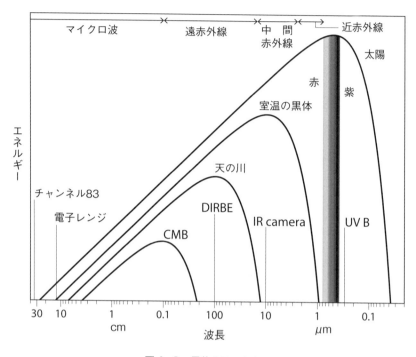

図 A.1. 黒体のスペクトル

れたスペクトルは、30K の黒体放射に対応する。次のスペクトルは、室温の黒体（300K を仮定）のもの。赤外線カメラは、この熱放射を測定している。6000K の太陽のスペクトルは、波長 0.5μm 付近にピークがある。グレースケールは、私たちの目が感知する可視光線の色に対応し、左の赤色から右の紫色まで広がっている。もう少し短い波長が紫外線。UV-B（紫外線 B 波）は 0.3μm 付近である。このあたりでも太陽からの放射はまだかなり強いが、紫外線は目に見えない。プロットの上部には、「マイクロ波」「遠赤外線」「中間赤外線」「近赤外線」の波長帯が記されている。また、4 つの黒体スペクトルのピークがウィーンの変位則にしたがってずれている。

A.2　空間の膨張

　「空間の膨張」という言葉には、賛否両論がある。この言葉は、時間変化する宇宙の距離の物差しを直感的に表現するものとして使われている。アインシュタイン曰く、「フリードマン[1]によれば、その意味で理論が空間の膨張を要求していると言える。」「空間一般、特にカラの空間に物理的実在があると考えねばならないというのは、実に厳しい要求だ。」

　宇宙空間で物体の位置を測るための座標系は、紛れもなく広がっている。と同時に「空間が膨張している」という言葉で思い浮かべるような、銀河を押して広げるようなことは、これまでのほとんどの期間で起こっていない。重力はあくまでも引き合う力である。この間の宇宙の進化は、図1.3や図1.4に示したよりも広い領域で、銀河に初速度を与えた後に、重力の下での相互作用を計算して記述することができる。

　しかし、この40億年間、宇宙定数が宇宙のエネルギー密度の支配的な成分となってからは、実際に銀河を押し広げる新たな力が宇宙を支配するようになった。その力は、宇宙定数として定量化され、その作用は「空間を広げる」あるいは「空間を作る」と表現することができる。同様に、インフレーションが初期宇宙の正しいモデルであるならば、これもまた「空間の膨張」と表すことができるが、非常に短い時間の指数関数的な膨張である。インフレーションの期間では、重力よりもはるかに強い力が粒子を引き離していく。その源はより効果的な宇宙定数で、現在観測されているものよりも絶大である。

　「空間を作る」もう一つの例がある。もし宇宙が図4.1右の画像に相当するような閉じた幾何学で記述されるとしたら、宇宙の体積は有限であり、時間と共に変化する。まさに空間が作られることになる。

　空間の性質——つまりは真空の性質——を理解することは、物理学の最

1　アレクサンダー・フリードマンは、2.3節で述べた一般相対性理論から、宇宙論を記述する方程式を導き出した。引用は、Albert Einstein 著「Relativity」(Crown Publishers, 1961) より。

重要課題である。真空については、まだ深く理解されていない。ある場面では、空間が広がっていると考えざるを得ないこともあれば、空間の広がりが、存在しない力があるように見せかけている、ということもある。それにもかかわらず、宇宙のさまざまな側面を思い描く上で、空間の膨張という概念は有用であろう。

A.3　宇宙の時間軸の表

宇宙年齢	コンパクトさ スケール因子	出来事
0	極小！	私たちが定義する"ビッグバン" §1.2、§1.3
1.4×10^{-14} 秒	2.2×10^{-17}	光子の典型的なエネルギーは、LHC での 粒子間相互作用のエネルギーに等しい。 §2.1
0.000025 秒	1×10^{-12}	RHIC で見られるクォーク・グルーオン・ プラズマ。 §2.1
3分	3×10^{-9}	H、He、Li、Be の原子核が作られる。 温度は 10 億 K §2.1、§2.4、§4.3
1年	1×10^{-6}	付録 A.4
5万1千年	0.00029	"放射 - 物質等密度期" エネルギー密度の支配的な形態が放射から 物質へと変化 宇宙構造の成長の開始 §2.4
40万年	0.001	"宇宙の晴れ上がり" 水素原子が形成され CMB が自由に宇宙を通り抜けるようになる。脱結合、再結合とも。 §2.4、§3.2
100万年	0.0017	

宇宙年齢	コンパクトさ スケール因子	出来事
2億年	0.05	最初の天体の形成 §1.6，§2.4
3.7億年	0.078	まだ確認されていない最も遠い天体 §A.4
4～7億年	0.08～0.12	ハッブル・ウルトラ・ディープフィールドで 最も遠い天体 §1.6，§2.4
5～10億年	0.1～0.15	"再電離" 宇宙は最初の星によって再イオン化され、 自由電子はCMBフォトンの5～8%を散乱 §2.4，§4.3
59億年	0.5	宇宙の大きさが現在の1/2に §1.3，§1.6
93億年	0.71	地球と月の誕生 §1.3
100億年	0.75	"物質－Λ等密度期" エネルギー密度の支配的な形態が 物質からダークエネルギーに §2.4
137億年	0.993	恐竜の時代 §1.3
138億年	1	私たちの住むΛ-CDMモデルの世界

極端に小さい数字については、小数点以下を指数で表す科学的記法を使っている。例えば、$1\times10^2 = 100$、$1\times10^{-2} = 0.01$ など。コンパクトさとは、現在の宇宙の大きさに、過去の天体がどれだけ近かったかを掛け合わせた数値。本文では「大きさ」としている

A.4　観測可能な宇宙と時間

　図A.4は、観測可能な宇宙の大きさとその年齢を示したもの。左から右に向かって、縦の破線は宇宙構造が成長し始めた時期（2.1節）、CMBが原始プラズマから切り離された時期（宇宙の晴れ上がり：2.4節）、そして観

104

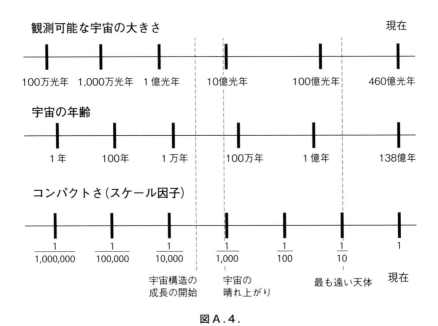

図A.4.

測された最も遠い天体までの「距離」を示している。

　私たちが遠くの天体を見たとき、しばしば最初に頭に浮かぶ質問は、「どのくらい離れているのか」ということだ。宇宙の場合、特に注意しなければならないのは、どの時間での距離かを明確にすることだ。遠くの天体から光がやって来る間にも、宇宙は膨張する。私たちが光を受け取るころには、宇宙は大きくなっている。ビッグバンからの「光の伝播距離」は138億光年だが、その138億年の間に宇宙は大きく膨張し、現在の「半径」（科学用語では「共動距離」、より一般的には「観測可能な宇宙の半径」）は、460億光年となっている。これは、直径920億光年に相当し、1.4節であげた大きさの約3倍となる。

　宇宙を考える自然な方法は、その大きさ、または「スケール」の観点で見ることだ。1/10、1/100、10億分の1と小さくなった時の年齢や大きさを問うのである。というのは、温度、密度、膨張率などの基本的な物理

的性質が、宇宙の大きさ（コンパクトさ）に依存するからである。よって、そのコンパクトさの歴史から、宇宙の年齢や大きさを推定できるのだ。例えば、図の左側で、宇宙が100万倍コンパクトであったとき、宇宙は1歳で、観測可能な宇宙の大きさは数百万光年であったことが読み取れる。このとき、温度はコンパクトさとは直接比例するので、CMBは100万倍も高温であった。

　非常に遠い天体のひとつに、EGSY8p7[訳者注8]と呼ばれる銀河がある。この銀河からの光は、宇宙の大きさがまだ1/10ほどだった頃から私たちのもとに届いている。現在観測されている光は、宇宙が6億歳のときに放たれたものなので、$138 - 6 = 132$億年かけて私たちのもとにやってきたことになる。プレート5では、ハッブル・ディープフィールドが到達できる紫色の帯にあたる。私たちが今観測している光が発せられてから、宇宙は大きく膨張しているので、「どのくらいその天体が遠いのか」という問いは、問い自身が適切ではない。

　図の左側はもっと広げることができる。それ以前の時刻と関連する事象については、付録A.3を参照のこと。

訳者注

訳者注 1 （P9）

1Mpc＝100 万 pc。pc（パーセク）は宇宙での距離の単位で、1pc＝3.26 光年。地球の公転半径（約1.5 億 km）を基線にして測った視差を年周視差と呼び、年周視差が 1 秒角（1/3600 度）となる距離が1pc。

訳者注 2 （P35）

$1cm^3$ あたり 300 個のニュートリノが、光速の1% の速さで飛んでいるとすると、1 秒間に$1cm^2$を通過するニュートリノの個数nは、n＝300 個$/cm^3$×0.01c＝300 個$/cm^3$× $3×10^8cm/$秒〜10^{11} 個$/cm^2/$秒

爪の先を$1cm^2$とすると、毎秒10^{11} 個（1,000 億個）が通り抜けることになる。

訳者注 3 （P40）

2023 年 5 月現在でもダークマターは直接検出されていない。

訳者注 4 （P41）

超新星宇宙論計画（Supernovae Cosmology Project）は米カリフォルニア大学のパールムッター教授が、高赤方偏移超新星探査チーム（High-Z Supernovae Search Team）はオーストラリア国立大学のシュミット教授と米ジョン・ホプキンス大学のリース教授が率いており、両者とも 2011 年のノーベル物理学賞を受賞している。

訳者注 5 （P48）

「宇宙の晴れ上がり」は日本語のみの呼び方。京都大学名誉教授、佐藤文隆氏による。海外では脱結合（decoupling）が一般的。

訳者注 6 （P91）

2016 年、アメリカの重力波望遠鏡 LIGO（Laser Interferometer Gravitational-Wave Observatory）の研究グループは重力波の観測を発表、検出された年月日から発生源は GW150914 と命名された。

訳者注 7 （P93）

チリのセロ・パチョンに建設中（2024 年完成予定）の望遠鏡 。運用する天文台は、女性天文学者ベラ・ルービンにちなんで、2020 年より（ベラ）ルービン天文台と呼ばれている。

訳者注 8 （P105）

2015 年時点で EGSY8p7 が最遠の銀河であったが、その後 GN-z11、MACS1149-JD1 など、更に遠方の銀河が見つかっている。2023 年現在、JWST（ジェームズ・ウエッブ宇宙望遠鏡）により、GLASS-z12 などビッグバンから 3 億 5,000 万年しか経っていない銀河も見つかっている。

いま宇宙論が面白い！

野田 学

　ここ数十年で私達の宇宙への理解は大きく変わりました。およそ100年前（1927年と1929年）にルメートルとハッブルが、銀河の観測データから宇宙が膨張していることを示し（ハッブル－ルメートルの法則）、1965年にペンジアスとウィルソンによって熱い宇宙の名残である3K宇宙背景放射が初めて観測されました。これらの観測結果から定常宇宙論から膨張宇宙論へとパラダイムシフトが進み、1980年代には、宇宙が膨張していることはほぼ認められるようになっていましたが、例えば宇宙年齢は100〜150億年ほどにしか決められず、宇宙論はケタがあっていれば良しとするような学問でした。

　それが、1989年にCOBE衛星が打ち上げられ、

1990年　COBE/FIRASによる宇宙マイクロ波背景放射のスペクトルの精密測定（2.725K±0.002K）

1992年　COBE/DIRBEによる宇宙マイクロ波背景放射のゆらぎの発見（10万分の1レベル）

1998〜99年　宇宙の加速膨張（ダークエネルギー）の発見

2003年　WMAP衛星による宇宙論パラメータの精密測定（2010年に最終結果：宇宙年齢＝137.4±1.1億年）

108

2018年　プランク衛星による観測結果の最終論文
　　　　（宇宙年齢＝138.2±0.5億年、宇宙の構成要素＝普通の物質4.9％＋ダ
　　　　ークマター26.8％＋ダークエネルギー68.3％）

　と、代表的な数字を拾っても、その観測誤差は格段に小さくなり、一気
に宇宙の有りようが具体的にイメージできる時代になったのです。
　学問の進化を自分が生きている間に実感できるような機会はめったにあ
りませんが、宇宙論は今がその時なのです。いま宇宙論の歴史の上では、
「黒船」がやってきて幕末維新の動乱の真っ最中です。同時代にいながら、
それを知らずに生きているのはもったいないことです。そんな宇宙論のキ
モを端的に語ってくれるものはないかと思っていたところ、本書にめぐり
逢いました。
　著者のライマン・ペイジ氏は、1957年生まれのプリンストン大学のジ
ェームズ・S・マクドネル特別大学教授（物理学）で、宇宙論研究の第一
人者です。米ボードンカレッジで物理学を学び、卒業後は南極のマクマー
ド基地に技術者として15ヶ月間滞在したり、中古の帆船を購入してアメ
リカの東海岸やカリブ海を航海して難破しかけるなど、異色な経歴の持ち
主でもあります。その後、マサチューセッツ工科大学で物理学の博士号を
取得し、1991年よりプリンストン大学に在籍、本書にも出てくるWMAP
衛星で中心的な役割を果たし、現在も背景放射の研究を続けています。ま
さに宇宙論の動乱の時代を生き抜いてきた研究者なので、宇宙論の何が面
白いのか、理解する上では何が問題になりそうなのか、彼ほどよく精通し
ている人はいません。
　また、ペイジ氏はまえがきの中で、「これから提示する宇宙像は、唯一
可能なものではありませんが、最小限の仮説でデータを説明するもので
す。」と述べています。これはとても大事なことで、「宇宙は138億年前に
ビッグバンから始まった」とか「宇宙は膨張している」と言われると、あ
たかもそれが真理のように感じてしまいますが、それは誤りだという姿勢

を表しています。科学には信じ切って良い真理はありません。信じ切って
しまえばそれは宗教です。どのような理論でも「唯一可能なものなのか」
「絶対的な真理はない」と、「正しく疑う」のが科学です。そんな姿勢が一
貫している本書は、宇宙論を舞台とした科学の醍醐味も味わっていただけ
ると思います。

　宇宙論の進展はまだまだ途上で、第5章にもあるような課題がジェーム
ズウエッブ宇宙望遠鏡や、その他の新しい観測で解明され、10年もする
と本書の内容は古くなっているかもしれません。しかし、その変化の面白
さを歴史としてではなく、現在進行形として実感するには、これまでのこ
とがわかっている必要があると思います。短くまとめられた本書はそうい
った意味でも実に有用です。これさえ読めば、宇宙論の「いま」が分かる
ようになっています。

　多くの方に、是非科学の醍醐味を味わっていただきたいと思います。

索引

114

●著者略歴

ライマン・ペイジ (Lyman Page)

1957年生まれ。プリンストン大学のジェームズ・S・マクドネル特別大学教授(物理学)。
『Finding the Big Bang』(ケンブリッジ大学出版局, 2009)の共同編集者。ニュージャージー州プリンストン在住。

●訳者略歴

野田 学 (のだ まなぶ)

1962年、愛知県名古屋市生まれ。
京都大学理学部物理学科卒、名古屋大学大学院修了、博士(理学)。
名古屋市工業研究所に4年間勤務した後、1997年から名古屋市科学館の学芸員となり、天文係長、天文主幹を経て2022年退職。若い頃は赤外線背景放射の観測や赤外線観測衛星あかりの装置開発を手がけ、現在は名古屋市科学館でプラネタリウムの解説等を非常勤で行いながら、科学リテラシーの普及にたずさわっている。

著書
『やりなおし高校の物理』(ナツメ社)
『理系のためのはじめて学ぶ物理(力学)』(ナツメ社)
『Dr. Nodaの宇宙料理店』(プレアデス出版)

宇宙論をひもとく
初期宇宙の光の化石から宇宙の"いま"を探る

2023年10月6日　第1版第1刷発行

著　者　ライマン・ペイジ

訳　者　野田　学

発行者　麻畑　仁

発行所　㈲プレアデス出版
〒399-8301　長野県安曇野市穂高有明7345-187
TEL 0263-31-5023　FAX 0263-31-5024
http://www.pleiades-publishing.co.jp

組版・装丁　松岡　徹
印刷所　亜細亜印刷株式会社
製本所　株式会社渋谷文泉閣

ISBN978-4-910612-10-2　C1044　　Printed in Japan